BANGARUPRIYANGA Sundaram
PRABAKARAN Kulandaisamy

Caraterísticas texturais - mineralógicas e ocorrência de microplásticos

BANGARUPRIYANGA Sundaram
PRABAKARAN Kulandaisamy

Caraterísticas texturais - mineralógicas e ocorrência de microplásticos

de sedimentos de praia na região costeira do distrito de thoothukudi, tamilnadu, Índia

ScienciaScripts

Imprint
Any brand names and product names mentioned in this book are subject to trademark, brand or patent protection and are trademarks or registered trademarks of their respective holders. The use of brand names, product names, common names, trade names, product descriptions etc. even without a particular marking in this work is in no way to be construed to mean that such names may be regarded as unrestricted in respect of trademark and brand protection legislation and could thus be used by anyone.

Cover image: www.ingimage.com

This book is a translation from the original published under ISBN 978-620-8-17029-5.

Publisher:
Sciencia Scripts
is a trademark of
Dodo Books Indian Ocean Ltd. and OmniScriptum S.R.L publishing group

120 High Road, East Finchley, London, N2 9ED, United Kingdom
Str. Armeneasca 28/1, office 1, Chisinau MD-2012, Republic of Moldova, Europe
Printed at: see last page
ISBN: 978-620-8-24757-7

CARACTERÍSTICAS TEXTURAIS - MINERALÓGICAS E OCORRÊNCIA DE MICROPLÁSTICOS EM SEDIMENTOS DE PRAIA NA REGIÃO COSTEIRA DO DISTRITO DE THOOTHUKUDI, TAMILNADU, ÍNDIA

Autores: Bangarupriyanga e Prabakaran

Conteúdo

RECONHECIMENTO

É com imenso prazer que exprimo o meu profundo sentimento de gratidão ao **Dr. R.M. ALAGAPPA CHETTIYAR**, fundador da Universidade de Alagappa, Vice-Chanceler e Conservador, que me deu a oportunidade de estudar nesta estimada instituição.

Gostaria de exprimir o meu profundo sentimento de gratidão ao **Dr. K. PRABAKARAN,**
Professor Assistente e Diretor do Departamento de Geologia da Universidade de Alagappa pelo seu apoio moral e por me ter permitido utilizar todas as instalações do Departamento durante todo o período do estudo, pela sua valiosa orientação, apoio e fornecimento de vários dados e interpretação do trabalho necessário para concluir o meu livro com êxito.

Gostaria de agradecer sinceramente ao **Dr. A.V. UDAYANAPILLAI,** Professor Convidado, ao **Dr. V. PERUMAL e ao Dr. T. KONGESWARAN**, Assistentes de Ensino do Departamento de Geologia da Universidade de Alagappa, pelo seu valioso apoio durante a realização deste projeto. Expresso também os meus sinceros agradecimentos ao **Sr. K. Selvakumar,** IInd M.Sc, Departamento de Geologia, Universidade de Alagappa, que me ajudou a recolher os dados.

Expresso os meus sinceros agradecimentos ao **DR. P. KUMAR**, Professor Assistente do Departamento de Saúde e Gestão Animal da Universidade de Alagappa, pela utilização da análise FT-IR no seu laboratório.

Acima de tudo, gostaria de exprimir o meu sentimento de gratidão à minha querida **MÃE,** à minha **família e** aos meus **amigos** pela sua inspiração e encorajamento, que me deram o entusiasmo e me concederam durante o período de estudo.

Por último, gostaria de exprimir a minha gratidão à **UNIVERSIDADE DE ALAGAPPA** por me ter proporcionado todas as facilidades necessárias, sem as quais não teria sido possível concluir o trabalho do livro.

O primeiro autor agradece à **UGC** e reconhece o apoio financeiro concedido ao abrigo do regime de bolsas SJSGC pela UGC na minha publicação, **Savitribai Jyotirao Phule Fellowship for Single Girl Child (SJSGC)**, número da carta de atribuição da UGC e número de referência da UGC-UGCES-22-OB-TAM-F-SJSGC-619. F.No-82-7/2022(SA-III).

CAPÍTULO I

INTRODUÇÃO

1. Introdução

A palavra "sedimento", que se refere ao material que foi deslocado para um novo local, inclui não só rochas e minerais, mas também os restos de plantas e animais. A erosão, um processo que envolve o movimento e a remoção de solo ou rocha, é o que causa a deslocação dos sedimentos, que podem variar em tamanho desde pequenos grãos de areia a seixos. Este movimento pode ser causado por forças como o vento, a água ou o gelo. Para compreender as interações entre a erosão do solo e a acumulação de sedimentos em suspensão nos ecossistemas ribeirinhos, é necessário compreender os processos que controlam a produção de sedimentos, nomeadamente ao nível da bacia hidrográfica. Vários estudos examinaram os subprocessos da erosão do solo em encostas, estabelecendo limiares e factores de controlo para pequenas bacias hidrográficas. Uma melhor compreensão destas variáveis pode ajudar a desenvolver planos de controlo de sedimentos e a identificar as melhores localizações de reservatórios para técnicas de gestão eficazes. A análise de dezanove componentes, como a área de drenagem, a morfologia, a ocupação do solo e as variáveis hidrológicas, permite um conhecimento aprofundado.

Os principais factores de regulação incluem as caraterísticas da bacia hidrográfica, como a elevação, a utilização do solo, a área de drenagem, a precipitação e os parâmetros hidrológicos. A paisagem global é influenciada por importantes processos físicos, químicos e biológicos que estão associados ao transporte de sedimentos. A migração de sedimentos fluviais é influenciada por uma série de factores, incluindo o nível de base, o clima, a elevação tectónica e a atividade humana. Os ciclos biogeoquímicos globais e os processos de sedimentação podem ser gravemente afectados por alterações induzidas pelo homem nas redes de transporte de sedimentos fluviais. Dado que as descargas fluviais, o fluxo das marés e a ação das ondas interagem para criar trajectórias complicadas de transporte de sedimentos, as situações estuarinas são particularmente difíceis.

Tem-se concentrado cada vez mais esforços na quantificação do fluxo de sedimentos fluviais da fonte para o sumidouro, uma vez que tal revela os efeitos das influências tectónicas, climáticas e antropogénicas nos sistemas de dispersão de sedimentos fluvio-marinhos. A riqueza ecológica e a saúde geral dos ecossistemas estuarinos da Índia estão a diminuir devido às actividades humanas. As descargas significativas de esgotos e efluentes industriais nos estuários conduziram a uma diminuição das populações de peixes de águas pouco profundas, ao aumento da poluição e à perda de flora e fauna diversificadas. Pensa-se que a circulação gravitacional desempenha um papel no enchimento dos estuários e na migração dos sedimentos através da superfície da Terra. O principal objetivo desta parte é ainda determinar de que forma as dezanove componentes potenciais de controlo afectam a produção de sedimentos. Uma vez que os rios são ambientes dinâmicos que oferecem uma variedade de nichos ecológicos, a compreensão dos factores que afectam a produção de sedimentos é crucial para a conservação e gestão.

Os rios são formas de relevo naturais dinâmicas que moldam a superfície da Terra e têm um impacto significativo nos ecossistemas. Os rios têm o seu ponto de partida em regiões de elevada altitude, como colinas ou montanhas, onde a precipitação, como a chuva ou a queda de neve, ocorre primeiro. A água segue a menor resistência quando desce, formando canais e riachos que acabam por se juntar para formar rios. A inclinação e os tipos de rochas existentes na terra afectam a forma como os rios fluem. Os glaciares em fusão contribuem para os rios glaciares, enquanto as montanhas geram rios através do escoamento da neve derretida ou da chuva. As nascentes, formadas quando a água subterrânea vem à superfície, também servem como fontes comuns para os rios. Factores geológicos, como a permeabilidade das rochas e a presença de aquíferos, determinam a nascente de um rio.

Quando a água atravessa a terra, provoca a sua erosão e transporta sedimentos para jusante. À medida que o rio corre, o tamanho e o tipo destes sedimentos, que podem variar de pequenas partículas a grandes rochas, transformam o ambiente circundante. A deposição de sedimentos ocorre quando a velocidade de um rio diminui, criando formas de relevo como margens, barras e planícies aluviais. Através da erosão, os rios são também essenciais para o desenvolvimento de vales e canyons. Os rios também suportam uma variedade de ecossistemas, que servem de casa a uma grande variedade de espécies vegetais e animais. Os rios sofrem um grande impacto das actividades humanas, como a agricultura e a urbanização, que alteram os seus processos naturais e criam problemas ambientais. A fim de preservar a sobrevivência dos rios como componentes vitais do sistema hidrológico da Terra, as iniciativas de gestão e conservação a longo prazo devem ter um conhecimento profundo do intrincado funcionamento dos rios.

Em termos geológicos, a denudação refere-se à dissolução gradual e à remoção de elementos rochosos da superfície da Terra. Este processo complexo envolve várias forças ambientais, sendo a meteorização, a erosão e o transporte as mais proeminentes. A meteorização representa a decomposição das rochas em pedaços mais pequenos devido a factores químicos, biológicos ou físicos. A meteorização física ocorre quando as rochas se decompõem devido a alterações de temperatura e pressão mecânica. A meteorização química altera a composição mineral das rochas através de reacções com água, ácidos e gases atmosféricos. As forças de erosão, como os sistemas fluviais, os glaciares, as correntes de vento e as ondas, contribuem ainda mais para a remoção do material rochoso fragmentado. A denudação modifica a superfície da Terra ao longo do tempo, influenciando a topografia e a evolução dinâmica das caraterísticas geológicas. A interação contínua entre a meteorização, a erosão e o transporte molda a crosta terrestre, deixando um registo do seu aspeto em constante mudança.

O padrão de deposição da praia resulta da erosão das rochas na bacia hidrográfica, do transporte de sedimentos pelos rios e ribeiros e da subsequente deposição na praia. Apesar disso, a origem e o influxo de carbono orgânico, a distribuição dos sedimentos e a contribuição da bacia hidrográfica continuam a ser pouco conhecidos. A matéria orgânica e o carbono nos sedimentos lacustres derivam principalmente de detritos vegetais, sendo apenas uma pequena parte proveniente de fontes animais. Os sedimentos de fundo servem de armadilhas naturais para os poluentes e regulam as actividades no leito do lago, influenciando os níveis de oxigénio, armazenando matéria orgânica e fornecendo nutrientes para a produtividade primária.

Os microplásticos, fragmentos com menos de 5 mm, representam uma ameaça significativa para a vida marinha e para os ecossistemas, principalmente devido à industrialização, ao crescimento da população e ao desenvolvimento económico. A investigação sobre os seus impactes é relativamente recente, sendo que muito permanece desconhecido. As fontes de poluição por microplásticos incluem a decomposição de resíduos de plástico de maiores dimensões e microesferas utilizadas em produtos de higiene pessoal. Os sistemas costeiros são particularmente vulneráveis, com os plásticos a acumularem-se nas praias, no oceano e no fundo do mar. Os microplásticos são derivados primária ou secundariamente e categorizados em microplásticos primários provenientes do fabrico e microplásticos secundários provenientes da degradação de partículas de plástico maiores.

São produzidos diferentes tipos de plásticos a nível mundial, mas o ambiente marinho é dominado por seis classes de plásticos.

- Polietileno (PE, alta e baixa densidade)

- Polipropileno (PP)

- Policloreto de vinilo (PVC)

- Poliestireno (PS, incluindo PS expandido)

- Poliamida (Nylon)

- Politereftalato de etileno (PET).

Embora o termo "microplástico" possa não encapsular perfeitamente a sua gama de tamanhos, foi definido pragmaticamente com um limite superior de 5 mm por razões práticas e analíticas. A definição de um limite inferior de tamanho tem-se revelado difícil devido à ausência de informação definitiva sobre o tamanho mais pequeno de microplástico existente. Para resolver esta questão, alguns estudos introduziram o termo "nanoplásticos" (NP), com base na definição de nanomateriais da Comissão Europeia, que varia entre 1 e 100 nanómetros. Os microplásticos são normalmente classificados como primários ou secundários. Os microplásticos primários são fabricados intencionalmente dentro da gama de dimensões dos microplásticos para fins específicos, como os utilizados em produtos de higiene pessoal. Os microplásticos secundários emergem de pedaços de plástico maiores através da meteorização ou fragmentação. Os investigadores propuseram vários sistemas de classificação baseados na morfologia, incluindo categorizações como pellets, fragmentos, película e fibra, ou dimensões como unidimensional, bidimensional e tridimensional. A classificação com base na gama de tamanhos ou na cor também é comum. A falta de um protocolo globalmente aceite leva a diferentes definições de tamanho e esquemas de classificação, dificultando os esforços para comparar a abundância de microplásticos entre regiões.

1.1. Objectivos

Foram definidos os seguintes objectivos

- Determinar as caraterísticas granulométricas dos sedimentos da praia de Thoothukudi.

- Fundamentar o ambiente deposicional através das parcelas básicas de parâmetros estatísticos.
- Identificar a mineralogia dos sedimentos de praia através da análise de XRD.
- Estudar a inter-relação entre o teor de carbono orgânico e de carbonato de cálcio dos sedimentos da praia de Thoothukudi.
- Estudar a distribuição de microplásticos através da análise FTIR.

1.2. Área de estudo

A zona de estudo situa-se na parte sul da costa do Golfo de Mannar, no estado de Tamilnadu, na Índia. Estende-se por uma distância de 116 km. A área da costa é delimitada pelo Estreito de Palk e pelo Oceano Índico. A coordenada geográfica da zona situa-se entre a latitude 8°29'32.94"N 8°53'30"N e a longitude 78°8'7.05"E e 78°11' 05"E. As aldeias costeiras importantes da zona de estudo são Tharuvaikulam, Vellapatti, Mappilaiurani, Rosepark, Hare island, Harbour beach, palayakayal, Punnaikayal, Kayal pattinam, Odakarai, Golden beach. Toda a parte costeira da zona de estudo é abrangida pelo distrito de Tuticorin. As estações de caminho de ferro mais próximas da zona de estudo são Tuticorin, Thalaliyuthu e Thiruchendur. A zona está bem ligada às redes rodoviárias estatal e nacional. O aeroporto mais próximo é o de Tuticorin. O mapa de localização da área de estudo é apresentado na figura 1

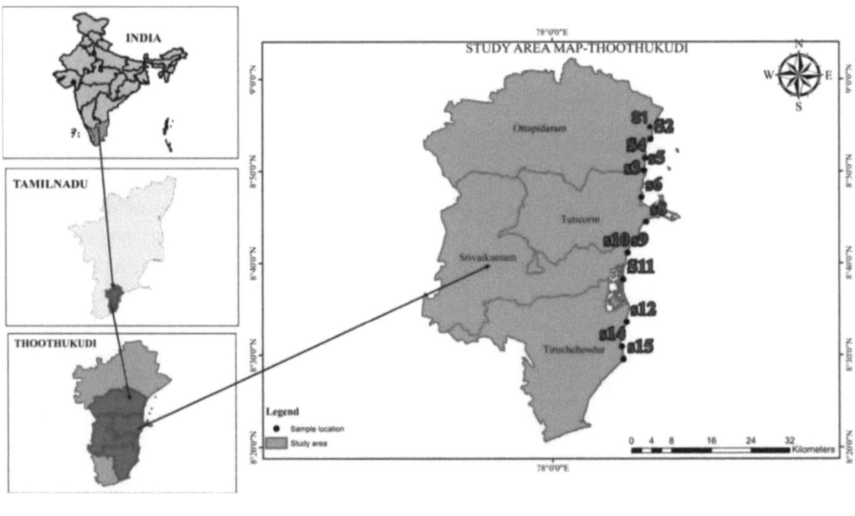

Figura 1.1. Mapa de localização da área de estudo

1.3. Geologia

A área de investigação é um pacote litológico bem desenvolvido que inclui rochas do Grupo Charnockite inter-bandas com uma sequência meta-sedimentar. As rochas do Grupo

Charnockite são representadas pelos tipos de rochas expostas, que incluem quartzito, calcgranulito, gnaisse granada-biotita-sillimanita, gnaisse quartzo-feldspático granada e gnaisse granada-biotita-cordierita. O Grupo Charnockite é constituído por piroxénio Granulite e Charnockite. O gnaisse hornblende-biotite é um membro do Complexo Migmatitic. Além disso, verifica-se a existência de intrusões básicas (piroxenito) e intrusões ácidas (granito). As rochas da área pertencem aos grupos Khondalite e Charnockite, bem como ao Complexo Migmatito do Supergrupo dos Ghats da Páscoa.

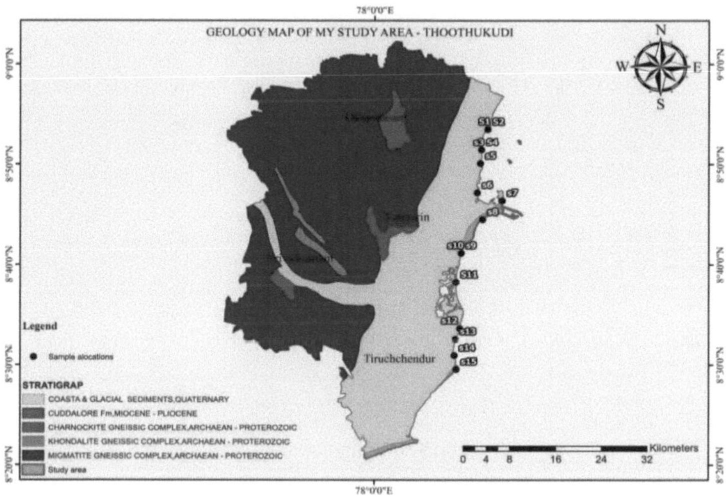

Figura 1.2. Mapa geológico da zona de estudo

(Idade Arqueana). Os sedimentos do Terciário e do Quaternário estão sobrepostos de forma inconformada a estas rochas. O grupo Khondalite é constituído por quartzitos, biotite-sillimanite gneiss, calcário-granulito e calcário, com faixas estreitas e lineares de epidiorito. As variações ácidas são a representação do grupo Charnockite. Acima dos sedimentos do Terciário ou do Quaternário encontram-se depósitos recentes e sub-recentes de aluvião fluvial, calcrete, laterite, areia teri ou terra vermelha. O mapa geológico da área de investigação e as suas sequências litoestratigráficas são apresentados na Figura 2 e na Tabela 1, respetivamente.

1.4. Geomorfologia e fisiografia

A fisiografia da área de estudo consiste em praias, estuários ou enseadas de maré ou planícies de kayal, terraços marinhos, dunas de areia tectonicamente elevadas e regiões montanhosas costeiras de rocha dura. Estas caraterísticas mostram uma elevação variável acima do nível médio do mar. Esta elevação provoca descargas submarinas de águas subterrâneas, nomeadamente na região costeira de Manapad (Antony Ravinderan et al 2014). A maioria das zonas não é afetada pela intrusão de água do mar devido à elevação diferencial do terreno acima do nível médio do mar. As regiões costeiras da área de estudo apresentam diferentes elevações que podem ser devidas às actividades tectónicas ocorridas durante o período de elevação costeira do Pliosteceno (fig. 3). A geomorfologia importante da área é a planície de inundação, a planície costeira, a salina, o terreno antropogénico, o complexo pediplano pedimentar e a planície deltaica.

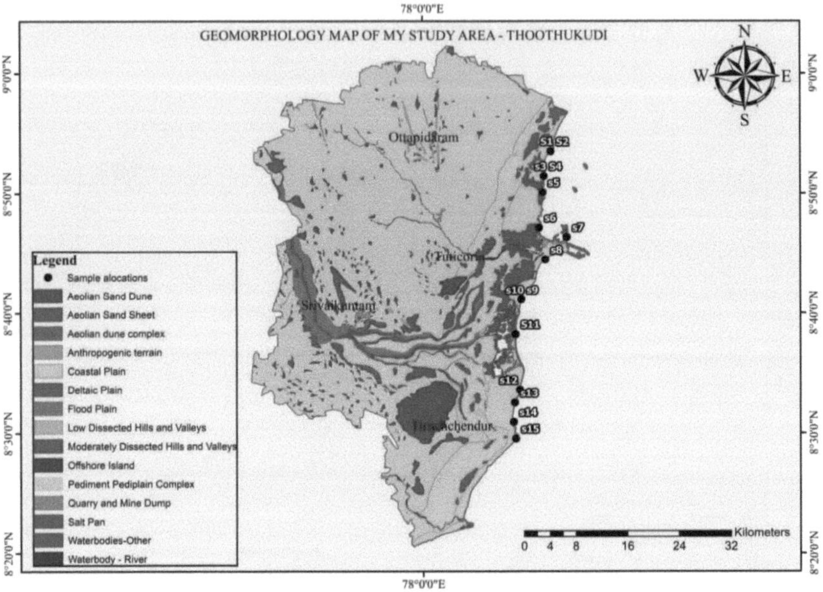

Figura 1.3. Mapa geomorfológico da área de estudo

1.5. Lineamento

Um lineamento é geralmente entendido como uma estrutura longa, linear ou curva gerada tectonicamente. Um lineamento é uma caraterística longa, linear ou curva que é regulada pela tectónica ou pela estrutura, de acordo com Ramasamy (1987). Utilizando dados da banda IRS LISS III, foi utilizada uma interpretação visual para mapear os lineamentos. Posteriormente, imagens FCC de dados landsat ETM e SRTM revisaram os lineamentos. A região de investigação é atravessada por dois lineamentos maiores, bem como por alguns lineamentos mais pequenos ou menores. Existem várias direcções azimutais, incluindo norte-sul, nordeste-sudoeste, este-oeste e noroeste-sudeste. Devido às caraterísticas do terreno sedimentar, a área da zona tampão de densidade de lineamentos é maior. Há um total de (192) lineamentos na área de estudo. O mapa dos lineamentos e o mapa da densidade dos lineamentos.

1.6. Drenagem

Thamirabarani é o principal rio importante na área de estudo. Thambirabarani e Kuzhithuraiyar são os rios perenes do distrito de Thoothukudi. O distrito de Thoothukudi, em

Tamil Nadu, é um dos seus distritos costeiros. Os rios que correm em direção à Baía de Bengala a partir dos Ghats Ocidentais e das terras altas de Tamil Nadu constituem a rede de drenagem do distrito. Não há muitos cursos de água que corram diretamente para o mar a partir das colinas do distrito. Os três principais rios que drenam a região são os efémeros Vaippar, Tamiraparani e Karamaniyar. O principal rio do distrito, o Tamiraparani, é perene e encontra-se num estado maduro de desenvolvimento. Ao longo do seu percurso, recebe vários afluentes importantes, incluindo Karaiyar, Servalar, Manimuthar, Kadana, etc.

1.7. Clima e pluviosidade

O clima em Thoothukudi é tropical. As quantidades de precipitação no inverno são substancialmente inferiores às do verão. A temperatura média anual em Thoothukudi é de 27,9°C (82,3°F). Neste local, há cerca de 818 mm (32,2 in) de precipitação anual. Os verões de Thoothukudi são difíceis de caraterizar devido à sua proximidade do equador. Com base nos nossos dados, janeiro, fevereiro, junho, julho, agosto, setembro e dezembro são os melhores meses para iniciar uma viagem. julho é o mês que regista, em média, menos precipitação. novembro, o mês com mais precipitação, tem uma média de 270 dias com a maior parte da precipitação a cair durante esse mês.

1.8. Solo e vegetação

Gramíneas marinhas, plantas espinhosas e uma profusão de algas verdes, vermelhas e castanhas cobrem a maior parte das zonas costeiras da área de estudo. No estuário do rio, há uma cobertura substancial de plantas de mangue e halófitas. Para travar a erosão costeira, foram plantadas palmeiras, coqueiros e cassurinas nas dunas de areia ao longo da costa. No aluvião costeiro próximo da área de estudo, são cultivados algodão, milho, pimentão, arroz, baquetas e plátanos.

Tabela 1.1, Litologia da área de estudo

S.N.	Idade	Tipo de rocha
1	Holoceno a recente	Solo vermelho Areia costeira Argila Aluvião fluvial Laterite Vermelho Teri Kankar Kankar tufáceo Calcário de concha Arenito calcário
.	Mio-Plioceno	Difícil Compacto Arenito calcário Calcário de concha
3	Pré-cambriano	Charnockite Composto misto Gneiss Peliticgneiss Calc-Granulite Quarzito

CAPÍTULO II

REVISÃO DA LITERATURA

2. Introdução

Uma análise da literatura académica sobre um determinado assunto é designada por revisão da literatura. Esta oferece uma avaliação crítica dos conhecimentos actuais, permitindo identificar ideias, abordagens e necessidades de investigação pertinentes. A revisão da literatura é provavelmente necessária para a redação de uma dissertação, a fim de enquadrar a investigação no conjunto de conhecimentos existentes. Desenvolver um quadro teórico e métodos de investigação, situar o trabalho em relação a outros investigadores e teóricos, demonstrar conhecimentos especializados sobre o tema e o seu contexto académico e demonstrar como a investigação preenche um vazio ou avança um debate, avalia o nível de investigação existente no domínio e demonstra familiaridade com os debates académicos sobre a questão.

2.1. Estatuto nacional

Cherian. A. , Chandrasekar. N et al (2004) ,Foram encontradas diferenças significativas na mineralogia de três zonas - Valinokkam, Vaippar e Thoothukudi - num estudo recente de minerais ligeiros ao longo das praias do Sul de Tamilnadu. Em comparação com Vaippar, foram encontradas percentagens mais elevadas de quartzo em Thoothukudi e Valinokkam. Do mesmo modo, Thoothukudi e Valinokkam apresentam valores mais elevados de índice de maturidade. Thoothukudi e Valinokkam apresentaram maior redondeza e esfericidade, de acordo com o exame morfológico. As imagens captadas com um microscópio eletrónico de varrimento revelaram vários cenários de deposição e origens dos sedimentos de praia. De acordo com o estudo, as rochas cristalinas ígneas e metamórficas, bem como os paleossedimentos, são a fonte mista dos sedimentos.

Angusamy. N et al (2006), Estudos sobre a granulometria dos sedimentos de praia de Mandapam a Kanyakumari revelam caraterísticas como assimetria positiva ou negativa, textura de grão grosso a fino, distribuição unimodal a polimodal e triagem moderada a fraca. O transporte litoral, a dinâmica das ondas e a entrada fluvial são as razões para estas variações. As parcelas bivariantes classificam o sector de Manappad como um ambiente dunar, os sectores de Tuticorin e Valinokkam como sendo influenciados por rios e os sectores de Mandapam e Kanyakumari como sendo ambientes de praia. Nos segmentos PQ e QR, os padrões CM mostram uma distribuição agrupada de sedimentos, indicando uma deposição gradual. Os diagramas de Visher indicam que Mandapam pode ter um ambiente de sombra de ondas, enquanto os sectores de Valinokkam, Tuticorin e Manappad apresentam populações de saltação dupla típicas de praias e o sector de Kanyakumari tem caraterísticas únicas.

Angusamy N et al (2007), A variação textural dos sedimentos de praia de Pondicherry a Vedaranyam ao longo da costa central de Tamil Nadu foi investigada. Foram analisadas 108 amostras de sedimentos colhidas em várias unidades morfológicas da praia, incluindo as zonas de baixa, média e alta maré, bem como as bermas e as dunas. As circunstâncias energéticas actuais e os dados oceânicos foram utilizados para dividir a área de estudo em três sectores: norte, centro e sul. Os processos de desnudação na secção norte são indicados pelos sedimentos mais grosseiros, mal classificados e negativamente inclinados que aí se encontram. O sector central é dominado por sedimentos médios a finos, moderadamente a bem classificados, positivamente simetricamente inclinados, muito provavelmente devido à influência de paleo-sedimentos depositados por rios interiores, bem como por ondas e correntes do mar.

Yamuna Singh, (2008) Muitas concentrações de minerais pesados podem ser encontradas nas areias Teri das planícies costeiras do sul e ao longo da linha costeira de Tamil Nadu. A ilmenite, a granada, a sillimanite, os piriboles, o zircão, o rutilo, a monazite e a cianite constituem a maioria do conjunto de minerais pesados, com quantidades menores de espinélio, turmalina, epídoto, apatite e estaurolite.

Ramasamy P & Karikalan R (2010), O Estreito de Palk na costa sudeste da Índia, de Thondi a Manamelkudi, é a área estudada. Foi criado um mapa de base utilizando a toposheet n.º 58 0/1 e 0/2, 58 N/4 e N/8 do Survey of India, numa escala de 1: 50000. A fim de manter 1/2 phi, foram utilizados crivos ASTM com malhas de +18 a +120 para o intervalo de tempo do processo de peneiração. Foram utilizados agitadores de peneiras Ro-tap para separar os materiais. O objetivo do presente estudo é caraterizar o tipo e a natureza dos minerais pesados que estão relacionados com várias formas de relevo geomorfológico costeiro. A linha de costa em R. Pudhupattinam tem a maior proporção de minerais pesados (38,64%), enquanto Thondi tem a menor percentagem de minerais pesados. 0,86% e 100%.

Saravanan et.al (2010), o núcleo de qualquer estudo sedimentológico é a análise textural. Os sedimentos não consolidados são analisados granulometricamente como forma de interpretar o ambiente de deposição. A análise granulométrica mostra que a quantidade de turbulência e a energia das ondas que influenciam o ambiente da praia durante o movimento transversal e ao longo da costa dos sedimentos causam uma mudança considerável no tamanho médio, classificação, assimetria e curtose.

Rajan e Seralathan (2011), Para compreender a interação entre as caraterísticas texturais, mineralógicas e geoquímicas com o ambiente, o estudo examina os aspectos sedimentológicos das praias de Kodungallur e Chellanam no centro de Kerala. De acordo com a análise granulométrica dos sedimentos encontrados ao longo das cristas das praias, a areia é maioritariamente média a muito fina, bem a moderadamente classificada, enviesada e com uma curtose que varia de fina a grossa. Como os sedimentos das cristas de praia indicam três fases de atividade de construção de praias, a região é considerada como uma costa progradante. O estudo geoquímico destaca o enriquecimento significativo do ferro, o controlo dos oligoelementos e as tendências de elementos como o cobre, o crómio, o cobalto, o lítio, o chumbo e o zinco. As relações entre os elementos vestigiais e o carbono orgânico são registadas, sugerindo que os principais mecanismos que influenciam os elementos sensíveis ao ambiente são a dissolução em ambientes anóxicos e a reprecipitação em estratos óxicos.

Irudhayanathan e Thirunavukkarasu (2011), As propriedades da textura dos sedimentos do estuário de Coleroon e as flutuações sazonais foram os principais temas da investigação. Foram realizadas duas épocas de amostragem, desde a monção de 2009 até à pós-monção de 2010. As mudanças sazonais foram mais pronunciadas na análise granulométrica do que entre as unidades geomorfológicas. Os sedimentos da monção foram positivamente inclinados, de granulometria média a fina, e moderadamente a bastante bem selecionados. Até à estação 7, o estuário superior era composto principalmente por areia, enquanto o estuário inferior era pesado em silte e argila. Com base no padrão CM, a distribuição dos sedimentos revelou deposição por rolamento e suspensão.

Rajganapathi et al (2013), A costa de Thiruchendur no sul de Tamilnadu, Índia, está a ser estudada com ênfase em métricas texturais e no espetro de tamanho de grão. As alterações causadas pelas condições energéticas e pela geomorfologia são observadas ao longo dos comprimentos da berma, da linha de maré alta (HTL) e da linha de maré baixa (LTL). Devido às interações sedimentares e marinhas, o padrão textural reflecte alterações nas condições físico-químicas, indicando condições de energia moderada a baixa. A função discriminante linear sugere um ambiente de deposição eólica e marinha pouco profunda, com pouca influência fluvial. O diagrama CM, que é apoiado por números relativos à energia das ondas e à corrente de tração, mostra a deposição por rolamento, suspensão no fundo e suspensão ajustada. Devido ao movimento eólico e às condições de alta energia, os minerais pesados concentram-se na berma e na HTL. Em várias regiões, as microtexturas de quartzo apresentam reacções mecânicas e químicas que se correlacionam com estados de alta e baixa energia.

Rajamanickam Gowthaman et al., (2015), O transporte de sedimentos ao longo da costa (LST) causado pelas ondas ao longo do areal de Dhanushkodi, a sudeste de Rameshwaram, é o tema deste estudo. Após a recolha de dados da Baía de Palk e do Golfo de Mannar, foram utilizados vários modelos para prever a taxa de LST. De acordo com o estudo, as ondas fracas ao longo da Baía de Palk causaram uma baixa LST anual líquida, que resultou numa subida de 65 m entre 2010 e 2015.

Pradhan et al., (2016), O estudo centra-se nas zonas litorais e de retro-litoral das praias populares da Índia, examinando a textura dos sedimentos. Os resultados revelam sedimentos de areia média nas zonas costeiras, com variações sazonais insignificantes. O mês de janeiro tem mais areia fina devido às ondas calmas. A linha de costa é bem selecionada, ao passo que o litoral é um pouco selecionado. Ao longo da costa, predominam os sedimentos simétricos e mesocúrticos. As correntes tractivas transportam os sedimentos em setembro.

Bramha et al., (2017), Em comparação com as amostras da zona litoral média, as amostras da região costeira apresentaram maiores variações no tamanho do grão. Embora apenas 1,8% de todas as amostras tenham sido consideradas areia muito grossa, o valor médio indicou que as amostras eram areia fina a grossa. O tamanho médio dos sedimentos de praia durante a monção sudoeste foi de 0,98 Ã, o que significa que se tratava de areia grossa, ao contrário da areia média observada noutras estações. De acordo com a análise atual, 17,8% das amostras eram bimodais e 81,7% das amostras eram unimodais. Treze amostras de sedimentos foram classificadas de extremamente bem (0,18 Ã) a mal (1,18 ø), e os parâmetros de classificação diminuíram com o aumento da energia das ondas. As restantes amostras eram simétricas, mas o valor da assimetria mostrou que 41% e 11% das amostras eram positiva e negativamente assimétricas, respetivamente. Os sedimentos mesocúrticos dominaram em todas as praias. Predominância de favoráveis. Os sedimentos enviesados da área de estudo revelaram que a corrente longitudinal e a fraca ação das ondas eram comuns. As praias ao longo de Kalpakkam têm um ambiente energético homogéneo, como demonstrado pela presença de uma fração relativamente elevada de sedimentos mesocúrticos.

Tiwaria et al., (2019), Ao substituir alguma areia de rio por areia do mar no agregado fino, é realizada uma investigação experimental sobre as caraterísticas de resistência do betão de cimento. As qualidades relevantes do material da areia do rio (RS) e da areia do mar (SS) são comparadas neste artigo. Após a moldagem, a resistência à compressão dos blocos de betão com agregados (FA) foi medida após 7, 14 e 28 dias de cura. Os ensaios foram realizados nos blocos de betão.

Karthik et al., (2018), A dessalinização é o processo químico que transforma a água salgada em água potável. Pode ser descrito como qualquer procedimento que elimina o excesso de sais e minerais da água. Estes procedimentos podem ser utilizados para fins comerciais, industriais ou municipais. São produzidas duas correntes de água após o tratamento da água de alimentação nas principais técnicas de dessalinização. água doce tratada adequada para consumo com salinidade e conteúdo mineral reduzidos (água tratada ou água final). Salmoura ou concentrado com concentrações de minerais e sal superiores às da água de alimentação original ou água salgada.

Karikalan R et al., (2020), O presente estudo mediu o tamanho do grão e o ambiente em que foi depositado para sedimentos retirados do estuário do rio Gundar na área de Mookaiyur. A distribuição dos sedimentos, o seu tipo e a presença de areia, silte e argila nos sedimentos dos vários ecossistemas do estuário e da praia do rio Gundar serviram de representações para o diagrama ternário. Função discriminante linear dos valores de Y1. Todas as amostras (100%) fazem parte do processo eólico, e todas as amostras (100%) têm valores de Y2 que estão em águas rasas e agitadas. Oitenta por cento das amostras são de origem fluvial (deltaica) e os restantes vinte por cento são de origem marinha pouco profunda. De seguida, valores de Y4 de 30% do depósito fluvial e 60% do sedimento presente na turbidez.

Ali Mohammad , Parvathaneni Bhanu Murthy et al (2020),Ao longo da costa oriental da Índia, entre os rios Sarada e Gosthani, o estudo analisa as propriedades texturais, a composição em minerais pesados e as microtexturas de grãos de sedimentos provenientes de microambientes de costa, bermas e dunas. Foram recolhidas amostras de 41 sedimentos superficiais em 15 locais diferentes. A praia de Yarada apresenta rácios invulgarmente elevados de areia grossa, sugerindo um ambiente de alta energia, enquanto a maioria dos sedimentos é composta por areia média a fina. A ilmenite, a sillimanite, a granada, o zircão e o rutilo são os principais minerais encontrados nas fracções grossas e finas da análise de minerais pesados, mas as concentrações destes minerais variam ao longo da região de estudo. Em ambos os lados da foz do rio Gosthani, há concentrações notáveis de minerais pesados (média de 48,41%). No estuário do Sarada, as concentrações são inferiores à gama económica mínima.

M. Ranjania et al., (2021), Esta investigação utiliza meta-dados para investigar o perigo ecológico dos microplásticos (MPs) nos sedimentos ao longo da costa indiana. Com uma contaminação moderada nos sedimentos da costa ocidental e uma menor contaminação nos sedimentos da costa oriental, os valores elevados de PHI estão associados a classificações de perigo elevadas. As zonas de pesca, fozes de rios, ilhas isoladas e áreas metropolitanas estão todas associadas a um risco ecológico mais elevado.

Naveenkumar Ashok Yaranal et al., (2021), descobriram que cinco zonas de praia em Karnataka, na Índia, continham partículas de microplástico. As concentrações de areia seca variaram entre 264 ± 62 n/kg e 1002 ± 174 n/kg. A maioria era clara, branca e quebrada. A rugosidade, as fracturas e a deterioração oxidativa e mecânica eram visíveis nas imagens FESEM.

Pranavan & Srinivasan, (2021), A remoção do sal da água do mar e da areia do mar requer um processo de tratamento moroso e dispendioso. Assim, neste ensaio, é utilizada areia do mar não tratada. O presente estudo avalia as propriedades mecânicas de três comparações alternativas: areia M completa (MS), areia do mar completa (SS) e 50% de areia M e 50% de areia do mar (MSSS). O principal objetivo de ter em conta o betão à base de areia do mar é proteger os recursos ambientais e, ao mesmo tempo, promover um desenvolvimento sustentável e acessível nas indústrias da construção e do betão. Quando comparados com os provetes de betão à base de areia M, os resultados dos ensaios experimentais do betão à base de areia marinha indicam uma melhoria negativa da resistência.

Gayathria (2021), foram examinadas amostras de superfície para determinar as caraterísticas texturais e a mineralogia em Chavara e Manavalakurichi, dois importantes locais indianos com recursos minerais pesados. Os depósitos de areia fina a média estão presentes em ambas as áreas; as areias em Manavalakurichi são moderadamente a moderadamente bem selecionadas, e as areias em Chavara são moderadamente bem selecionadas. Os cenários de deposição eólica e marinha pouco profunda são sugeridos por funções discriminantes lineares. A ilmenite encontra-se principalmente em combinação com outros minerais pesados, como a granada, o zircão, a sillimanite, o rutilo, a monazite e o leucoxeno. Com granulometrias mais finas e mais selecionadas, a concentração de minerais pesados aumenta em direção à berma e às zonas mais altas da costa.

2.2. Estatuto internacional

Turner R.L & Meyer C.E., (1980) O tempo de arroteamento foi utilizado como critério de atividade num estudo de laboratório para examinar a sua tolerância às flutuações de salinidade. Após 21 dias de exposição aguda contínua a salinidades entre 17 e 38'/~, o burrowing time aclimatou-se completamente. Em 2 dias a 42 '/m e em 19 dias a 10 '/m, todos os animais testados pereceram. Os resultados foram comparáveis aos da primeira experiência, em que a salinidade ambiente (25 ";W) foi gradualmente reduzida para 8 '/m ao longo de 43 dias de exposição.

Alharbi O.A et al., (2012) Os cerca de 28 km de Ash Shuqayq (costa saudita do Mar Vermelho) são caracterizados por promontórios rochosos estreitos e intercalados por praias de bolso. Foram analisadas 52 amostras de sedimentos de seis ambientes distintos: wadi, offshore, maré/lagoa, sabkha, praia e duna. De acordo com os testes, a maioria da areia encontrada nas praias e dunas é de grão médio a fino, no entanto, algumas (MZ=-0,59) são extremamente grosseiras. As areias das dunas e praias são geralmente bem a moderadamente classificadas, enquanto algumas são mal classificadas como resultado da entrada de sedimentos de wadi no sistema. A variação do tamanho dos grãos foi causada tanto pelo retrabalhamento litoral como pelo fornecimento de sedimentos.

Emery K.O., (1978), Utilizando um pequeno corer com um pistão controlado por um eixo de acionamento aparafusado, é possível recolher uma série de fatias finas (1,67 ram) de depósitos de areia. Nos litorais, são necessárias muitas sondagens para penetrar numa única lâmina de grão grosso ou de grão fino. Após um estudo em tubo de decantação da areia de cada amostra, foram calculados parâmetros estatísticos. Os resultados indicam que os diâmetros medianos das fatias variam muito mais e, quando comparados com os de um núcleo composto das mesmas areias, estes são mais positivamente tendenciosos e melhor ordenados. Este facto sugere que as análises das lâminas, em vez de toda a amostra, podem ser mais benéficas para a investigação sobre as origens da areia da praia e as condições hidráulicas de erosão e deposição baseadas na textura da areia.

Rico Bartak et al., (2012), No que diz respeito à dessalinização da água do mar, a eficiência da membrana de osmose inversa é gravemente afetada pela incrustação da membrana. Existem poucos dados disponíveis, apesar dos relatórios que sugerem que a água captada por sistemas de filtragem de areia de praia no Mediterrâneo e no Mar Vermelho causa menos incrustações nas membranas do que a captação direta de água do mar.

Katsina Christopher Bala & Reyazul Haque Khan, (2013), foi publicado um estudo experimental exaustivo sobre as caraterísticas da areia de praia e de rio para aplicações de fundição. A maioria dos atributos da coleção de amostras de areia foi avaliada. A norma da American Foundry Society (AFS) foi seguida na análise dos resultados experimentais. As análises demonstram que a fundição pode utilizar eficazmente amostras dos rios Ughelli, Warri e Etiópia. Para preparar a amostra da Praia de Lagos Bar para utilização numa fundição, esta deve ser adequadamente peneirada para remover as fracções grosseiras.

Alasvand et al., (2023), No estudo atual, a remoção de corantes de soluções aquosas foi eficazmente realizada utilizando areia da praia (BS) e areia da praia revestida com polianilina (BS/Pani). A sonda de ensaio para avaliar a eficácia dos adsorventes escolhidos em termos de remoção de corantes foi o azul de metileno (MB). Após a conclusão dos ensaios de adsorção num sistema descontínuo, foi examinado o impacto de vários parâmetros empíricos significativos que influenciam os processos de adsorção.

Sakr S et al., (2015), Using Wilfy, sieve and separate heavy minerals Para identificar os vários grupos de minerais, foram utilizados métodos como mesas agitadoras e líquidos pesados, separação magnética empregando separadores do tipo Lift, colheita de minerais, identificações de minerais, XRD, EDX e BSE. bem como as oportunidades financeiras. As subamostras de granulometria separadas, agrupadas por ordem decrescente de abundância, são as seguintes 0,5-0,25 mm (< 0,063), 1-0,5 mm, e 0,25-0,125 mm (10-60%). Com base em exames microscópicos que abrangem múltiplos grupos e variações de minerais, a areia muito fina é a porção mais promissora. 600 gramas de areia extremamente fina (0,125-0,063 mm) produzem 60 gramas de minerais pesados puros. São produzidas uma subfracção não magnética e quatro subfracções magnéticas distintas - magnetite, ilmenite I, ilmenite II e ilmenite III.

Fatimh Alshahri, (2016), foram recolhidas amostras de areia e sedimentos em vários pontos da praia perto da estação de dessalinização, que é a maior e mais antiga instalação de dessalinização por osmose inversa da Arábia Saudita e onde são libertados resíduos fluidos. Utilizando espetroscopia de raios gama, foram determinadas as concentrações de atividade de 226Ra, 232Th, 40K e 137Cs. Foram calculados índices de perigo de radiação para avaliar o perigo ambiental e público de radiação. Este é o primeiro estudo a avaliar os efeitos da radioatividade na área estudada.

Kwarteng A. Y et al., (2016), a análise granulométrica e mineralógica foi utilizada para examinar as caraterísticas dos sedimentos de praia ao longo da costa de Al Batinah, no Sultanato de Omã. A maioria dos sedimentos de praia verde-acinzentados claros e médios era constituída por areias finas, com uma granulometria média de 200 µm em todas as amostras. Havia partículas maiores do tamanho de seixos (16-256 mm) e partículas do tamanho de cascalho (2-16 mm).

Karen Lykkebo Petersen, (2017), As instalações que utilizam a dessalinização por osmose inversa da água do mar libertam efluentes de salmoura, que podem ter um impacto na integridade dos habitats marinhos costeiros. O efluente de salmoura típico da dessalinização consiste em água salgada hipersalina juntamente com anti-incrustantes e coagulantes adicionais, que são frequentemente misturados com água de arrefecimento de centrais eléctricas adjacentes. A distribuição espacial da coluna de salmoura, nomeadamente o perímetro, a direção do fluxo e a flutuabilidade, variam de acordo com o volume e a taxa de descarga, bem como com a tecnologia de dispersão. Neste capítulo, faremos uma análise exaustiva dos impactos ambientais dos efluentes de salmoura numa série de organismos costeiros, tais como bactérias, zooplâncton, ervas marinhas, larvas de peixe e corais. De acordo com investigações recentes, a dessalinização. O efluente de salmoura pode ter um impacto na fisiologia das pradarias de ervas marinhas que rodeiam o local de descarga, alterar a diversidade e a atividade das bactérias e microalgas e diminuir a quantidade de meiofauna.

Gloria I & López et al., (2017), Um método analítico designado por análise granulométrica é habitualmente utilizado nas ciências da terra como parte da investigação laboratorial normal. É também frequentemente utilizado noutros domínios, como a geoarqueologia e a arqueologia. O tamanho das várias partículas de que é feito é determinado por um exame sedimentológico que representa um depósito sedimentar não consolidado específico, uma rocha sedimentar, uma unidade de solo ou um sítio arqueológico. O objetivo principal deste processo é deduzir, a partir das dimensões e das distribuições das análises das partículas sedimentares, o tipo de ambiente e de energia associados ao mecanismo de transporte no momento da deposição.

Huda Aslam et al.,(2019) O estudo avalia o nível de poluição por microplásticos nos sedimentos de praia em toda a costa do Dubai. Foram colhidas amostras de sedimentos de linhas de arrasto em 16 praias; foram colhidas cinco amostras de cada praia utilizando um quadrante numa extensão de 100 metros. Utilizando a análise FT-IR, foram identificados os tipos de polímeros das grandes fibras e cordas e registada a quantidade, cor e forma dos microplásticos. Para encontrar metais pesados, 480 microplásticos de cada praia foram submetidos a uma análise XRF. De acordo com os resultados, há uma média de 59,71 itens de microplástico por quilograma de sedimento seco e 0,33 mg de peso por grama de sedimento seco. Os microplásticos mais comuns são azuis e fibrosos, e os fios e fibras de polietileno estão amplamente distribuídos. Cinco dos treze metais pesados que foram considerados poluentes prioritários.

Ahmed Miftah et al.,(2020) O objetivo do estudo é determinar como a água do mar afecta as areias de praia que foram tratadas com precipitação de carbonato induzida por enzimas (EICP). São utilizados testes em tubos de ensaio para avaliar as fases minerais e a cinética de precipitação em soluções EICP em diferentes concentrações de água do mar. De acordo com os estudos cinéticos, observam-se inicialmente taxas semelhantes de hidrólise e precipitação da ureia e, em seguida, as soluções que contêm água do mar começam a diminuir, o que se pensa ser causado por uma decomposição mais rápida da enzima. Tanto a calcite como a vaterite são encontradas nos precipitados, sendo a concentração de vaterite mais elevada em soluções que incluem água do mar. A resistência à compressão não confinada, o teor de carbonato ou a mineralogia dos precipitados não são significativamente afectados quando a areia da praia é tratada com soluções de EICP que contêm água do mar.

Mahamuda Abul & Emmanuel Daanoba Sunkari(2020) O estudo analisa a relação entre a distribuição granulométrica e o conteúdo geoquímico de 45 amostras de areia de praia da costa central do Gana. Enquanto o teor de $Al2O3$ é mais elevado nas areias finas, o que sugere uma heterogeneidade das fontes, o teor de $SiO2$ é mais elevado nas areias grossas do que nas areias médias e finas. Em vez de serem selecionadas por meios hidráulicos, a composição química e a textura da rocha-mãe determinam as composições dos elementos em vários tamanhos de partículas. Uma fácies de arenito quartzoso com algumas areias Fe é observada nos sedimentos, indicando uma mudança climática semi-húmida. Os sedimentos têm contribuições de fontes máficas e são mais ricos em LREE com anomalias negativas de Eu, sugerindo a origem de fontes félsicas. No geral, os resultados apontam para uma contribuição modesta de uma fonte máfica (basáltica) e uma fonte dominante félsica-intermédia (granodiorito).

Vetrimurugan et al.,(2020)O estudo analisa a presença, a identidade e a origem dos microplásticos (MP) em amostras de areia de nove praias populares da costa sudeste da África do Sul. As praias da cidade de Durban registam a maior concentração de MP, seguidas das praias de Ballito, Mtunzini, Sodwana e Richard Bays. Em comparação com as MP azuis, brancas, cor-de-rosa, castanhas, vermelhas e verdes, as partículas pretas são mais comuns. A corrente costeira longshore das Agulhas contribui para a predominância de MP em Durban, facilitando a decomposição de plásticos primários provenientes da terra e do mar. Os processos de intemperismo e degradação estão representados nas fotografias SEM, e a composição elementar introduzida durante o fabrico do plástico está patente nos resultados EDS. A correspondência espetral FTIR realça a necessidade de regulação e monitorização do material plástico através da identificação de diferentes polímeros.

Jun Young Seo et al (2020) ,No Oceano Pacífico ocidental, as experiências de erosão efectuadas em sedimentos de profundidade revelaram taxas de erosão muito mais baixas (10^-7 a 10^-5 kg m^-2 s^-1) do que em ambientes pouco profundos. São observados diferentes padrões de erodibilidade nos sedimentos, dependendo da profundidade de compensação de carbonato (CCD). Devido ao seu maior teor de carbonato, os sedimentos acima da CCD ressuspendem-se facilmente, enquanto os sedimentos abaixo da CCD as taxas de ressuspensão são mais baixas. A maior erodibilidade acima da CCD tem um impacto na resistência do leito devido a variações na concentração de carbonato. Com o aumento da tensão de cisalhamento, os sedimentos acima da CCD passam de uma erosão limitada em profundidade para uma erosão de transição, enquanto que os sedimentos abaixo permanecem sempre limitados em profundidade. Estes resultados demonstram a função do carbonato de cálcio na ressuspensão dos sedimentos de profundidade e nos processos de erosão.

Alekseeva et al (2020), As amostras de sedimentos de superfície do Mar de Barents apresentam uma composição granulométrica variada, determinada por um conjunto de variáveis, incluindo a erosão do fundo, a atividade glaciar e a abrasão costeira. Espalhadas por todo o mar encontram-se partículas de seixos e cascalho, muito provavelmente transportadas por rafting de gelo. Particularmente no sul e sudeste, as areias predominam nas águas costeiras pouco profundas, enquanto os sedimentos grosseiros se acumulam ao longo das costas de Svalbard, Novaya Zemlya e da Península de Kola. Enquanto os sedimentos de grão fino predominam no centro do mar e nas depressões de profundidade, os sedimentos de grão grosso mudam para sedimentos mistos com um baixo teor de pelitos à medida que a profundidade aumenta. Os sedimentos de fração pelítica elevada são comuns, especialmente em depressões, fiordes e depressões de profundidade.

Sapulete et al (2020), As ilhas Maluku, por estarem situadas no local onde se fundem quatro placas tectónicas, o que dá origem a uma variedade de formas de relevo, são geologicamente distintas. As suas inúmeras ilhas com deslumbrantes praias de areia branca aumentam o seu atrativo para o geoturismo. As técnicas X-RD e X-RF foram utilizadas na investigação das praias de Latuhalat (praias de Santai e Namalatu) e Suli (praia de Natsepa) para examinar o tamanho, a forma e o conteúdo mineral da areia. De acordo com os resultados, as praias de Santai e Namalatu tinham grãos irregulares com uma forma oval e diâmetros médios de 0,12 mm e 0,21 mm, respetivamente. O tamanho médio dos grãos esféricos na praia de Natsepa foi de 0,10 mm. Os minerais quartzo (SiO_2) e argonite ($CaCO_3$) são os mais comuns nestas praias arenosas. Os resultados validam o potencial geoturístico da praia Natsepa da aldeia de Suli e das praias Namalatu e Santai da aldeia de Latuhalat.

Hasdinar Umar (2020), Um item que pode ser utilizado para ajudar no processo de gaseificação da biomassa é a areia da praia. Um recipiente cheio de pequenas partículas de areia é preenchido com gás, que flui a partir de baixo e suprime o fluxo de cada partícula de uma forma que é benéfica para a biomassa. Nas regiões costeiras, podemos também tirar o melhor partido da energia térmica para facilitar as reacções de gaseificação. O objetivo deste estudo é investigar os grupos presentes no espetro de TMS (tetrametilsilano) do líquido filtrado da areia da praia, concentrando-se nas substâncias CH_3 que se organizam no TMS. O líquido obtido a partir do ensaio de espetroscopia de infravermelhos com transformada de Fourier (FTIR) indica que a quantidade de azoto e hidrogénio no filtrado da areia da praia é mais acentuada entre os comprimentos de onda de 3000 e 3500. solução pode ser utilizada como combustível (gás amoníaco). Quando os iões de hidrogénio se ligam ao azoto e ao gás hidrogénio, é criado o hidróxido de amónio, que pode ser utilizado como combustível para aquecimento.

Nora Expósito et al., (2021) Na região costeira de Tarragona, na Catalunha, Nordeste de Espanha, o estudo mede e classifica os microplásticos (MP) na água do mar de superfície, nos sedimentos marinhos e nas praias arenosas. Na água salgada, a abundância média de MPs foi de 1,30 itens/m3, nos sedimentos marinhos, 32,4 itens/kg, e nas praias arenosas, 10,7 itens/kg. Nos sedimentos e na água salgada, predominaram as fibras de poliéster, enquanto nas praias foram mais comuns os fragmentos de polietileno e polipropileno. O plâncton, os detritos orgânicos e os sedimentos estavam todos ligados a bolas fibrosas, o que ocultava a quantidade real de fibras presentes. A composição e a quantidade de MPs apontam a água do mar, os efluentes das estações de tratamento de águas residuais e as fontes terrestres como os principais culpados. Os sedimentos funcionam como um importante sumidouro de MPs de tamanho médio, enquanto a água do mar actua como um meio de dispersão e fragmentação. A fim de garantir resultados semelhantes, o estudo sublinha a necessidade de técnicas estabelecidas para a análise de MPs.

CAPÍTULO III

METODOLOGIA DE INVESTIGAÇÃO

3. INTRODUÇÃO

Inquérito de campo - Foi efectuada uma investigação exaustiva da literatura relevante antes do trabalho de campo. Depois disso, em dezembro de 2023, foi efectuado o trabalho de campo na região de estudo. A observação geológica, a geomorfologia e a natureza do afloramento foram efectuadas em simultâneo com a recolha de amostras no terreno. Figura 4: Fluxograma da metodologia de investigação

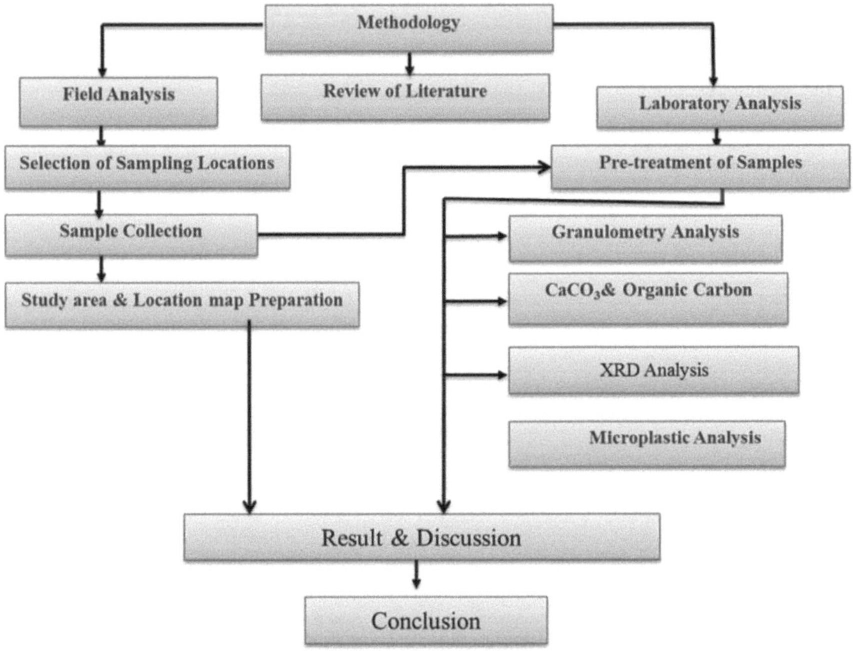

Figura 3.1. Fluxograma da metodologia de investigação

3.1. Análises laboratoriais

A praia da zona de investigação forneceu quinze amostras costeiras representativas. As amostras recolhidas foram submetidas a exames mineralógicos e granulométricos. A análise granulométrica foi efectuada com peneiras de malha ASTM do Laboratório de Geologia da Universidade de Alagappa, Karaikudi, utilizando o agitador de peneiras Deep Vision. O método de difração de raios X foi utilizado para o estudo mineralógico e os dados foram examinados no laboratório de XRD do departamento de física da Universidade de Alagappa, em Karaikudi.

3.2. Inquérito de campo

Antes do trabalho de campo, foi efectuada uma investigação aprofundada da literatura relacionada com o trabalho de investigação. Durante a recolha de amostras no terreno, a natureza do afloramento, a geomorfologia e a observação geológica foram efectuadas em simultâneo.

Figura 3.2. Recolha de amostras no terreno

A Tabela-2 mostra os locais de recolha de amostras para o trabalho de dissertação.

S.NO	Localização	Latitude	longitude
1	Tharuvaikulam(HT)	8°53'30.83 "N	78°10'35.47"E
2	Tharuvaikulam(LT)	8°53'29.40"N	78°10'35.47"E
3	Vellapatti(LT)	8°51'26.27"N	78°10'1.12"E
4	Vellapatti(HT)	8°51'26.12"N	78°1O'1.43"E
5	Mappilaiurani	8°50'5.29"N	78°9'55.37"E
6	Parque das rosas	8°47'10.22"N	78°9'37.41"E
7	Ilha da lebre	8°46'22.46"N	78°11'56.33"E
8	Praia do porto	8°44'29.96"N	78°10'7.96"E
9	Palayakayal(LT)	8°41'8.52"N	78°8'7.05"E
10	Palayakayal(HT)	8°41'8.69"N	78°8'7.69"E
11	Punnaikayal	8°38'14.57"N	78°7'38.30"E
12	Kayal pattinam	8°33'37.65"N	78°7'59.78"E
13	Odakarai	8°32'32.70"N	78°7'34.70"E
14	Praia dourada	8°30'55.76"N	78°7'29.42"E
15	Praia dourada (HT)	8°29'32.94"N	78°7'39.72"E

3.3. Procedimento analítico pormenorizado

3.3.1. Pré-tratamento das amostras

As amostras de sedimentos foram submetidas a várias etapas preparatórias antes da análise granulométrica. Inicialmente, as amostras foram lavadas com água doce para remover as impurezas. Posteriormente, foi introduzida uma solução de H O_{22} , seguida de aquecimento para eliminar a matéria orgânica. As amostras, cada uma pesando 500 gramas, foram então secas numa estufa a 60°C para eliminar o teor de humidade. Após a secagem, 100 gramas de sedimento foram cuidadosamente selecionados e cortados em cones e quartos para garantir a uniformidade. Esta porção foi então submetida a uma análise por peneiração utilizando as malhas ASTM de 25, 35, 45, 60, 80, 120, 170, 230 e uma panela. Foi utilizado um agitador de peneiras Ro-tap da Deep Vision durante aproximadamente 20 minutos para efetuar o processo de peneiração. Para o peneiramento da areia, foram utilizados conjuntos de peneiras ASTM com intervalos de ¼ φ. Os conjuntos, dispostos por ordem decrescente de tamanho, foram vigorosamente agitados de modo a minimizar a perda de areia. O material que passou por cada peneira foi recolhido separadamente, e os pesos destas fracções individuais foram registados para posterior análise granulométrica.

3.3.2. Análise textural

Foram recolhidas 15 amostras de areias de praia na zona de investigação. A superfície foi amostrada com um trado e uma amostra de Van-Veen. Após a recolha, as 15 amostras foram mantidas num forno de ar quente com uma temperatura de 60 graus Celsius para eliminar a humidade enquanto eram processadas para análise sedimentológica, incluindo a análise da textura dos sedimentos. Quando terminaram de ser conadas e esquartejadas, foram peneiradas a seco. Após a limpeza das vinte e duas amostras de praia recolhidas, 100 g de sedimentos foram filtrados durante 20 minutos com um agitador mecânico Ro-tap. Os conjuntos de peneiras (tais como +25, +35, +45, +60, +80, +120, +170, +230, e -230 (pan) nas peneiras ASTM) foram colocados em intervalos de meio phi após a malhagem, por ordem decrescente de tamanho das partículas.

3.3.3. Análise do carbono orgânico

Procedimento para a digestão do solo 1g da amostra seca no forno foi pesada utilizando uma balança de carga superior separadamente, à qual foram adicionados 15ml de água régia (35% HCL & 70% HNO3 de alta pureza, na proporção de 3:1). A mistura foi então digerida a 70^0 C, até a solução ser filtrada através de papel de filtro Whatman NO 42 e colocada num balão volumétrico de 50 ml e diluída para um balão volumétrico de 50 ml e diluída para o volume marcado utilizando água desionizada. O procedimento para a preparação do $CaCo_3$ é preparar 50 ml de HCL em 500 ml de água destilada e, em seguida, preparar uma solução de NaOH com 40 g de NaOH em 1 litro de água destilada. Num erlenmeyer, colocar 1 g de amostra de solo finamente pulverizada e adicionar uma gota de fenolftaleína. Colocar a solução de NaOH numa bureta. Adicionar a solução de NaOH no erlenmeyer e registar a leitura na bureta quando a cor mudar de incolor para rosa. Para determinar a % de $CaCO_3$ CaCO3% = (determinação em branco - leitura da amostra) × normalidade do NaOH × volume de HCL ÷ volume da titulação efectuada.

3.3.4 Processo de análise do carbonato de cálcio

O estudo do carbonato de cálcio nos sedimentos de praia fornece informações sobre o paleoclima, a paleohidroligia e a evolução da paisagem A determinação da história anterior do sistema de praia e da forma como este reagiu a pressões externas requer a compreensão da distribuição e da dinâmica do carbonato de cálcio nos sedimentos de praia.

Preparação da solução de NaOH

Colocar 20 g de NaOH e água destilada num copo de 500 ml, agitar com um agitador e preparar a solução de HCL. Deitar 50 mililitros de HCL num copo de 500 mililitros e encher com água pura. Colocar uma amostra de 1 g de sedimento no frasco cónico.

3.3.5. Procedimento de análise XRD

Os cristais apresentam um arranjo regular de átomos, enquanto os raios X são uma forma de radiação electromagnética caracterizada por propriedades ondulatórias. Quando os raios X encontram átomos de cristal, sofrem um processo conhecido como dispersão elástica, interagindo principalmente com os electrões dos átomos. Esta interação faz com que os raios X se dispersem em várias direcções, com os electrões a actuarem como os principais dispersores. As ondas dispersas resultantes formam um conjunto regular de ondas esféricas. Na maioria das direcções, estas ondas anulam-se umas às outras devido a interferência destrutiva. No entanto, em certas direcções específicas, somam-se construtivamente, um fenómeno regido pela lei de Bragg:

$$2d\sin\theta = n\lambda$$

Aqui,d representa o espaçamento entre os planos de difração, θ é o ângulo de incidência, n é um número inteiro e λ é o comprimento de onda do feixe de raios X. Estas direcções específicas correspondem a pontos no padrão de difração conhecidos como reflexões. Por conseguinte, os padrões de difração de raios X surgem quando as ondas electromagnéticas interagem com um conjunto regular de dispersões.

Os raios X são particularmente adequados para a produção de padrões de difração porque o seu comprimento de onda, *λ*, cai frequentemente na mesma ordem de grandeza que o espaçamento, *d*, entre os planos cristalinos (tipicamente variando de 1 a 100 angstroms).

3.3.6. Preparação das amostras para DRX

As amostras de DRX em pó são normalmente preparadas através de trituração manual utilizando um almofariz e um pilão. Estes instrumentos podem ser fabricados a partir de vários materiais, como a ágata, o corindo ou a mulita. A seleção depende da dureza da amostra em relação ao material do almofariz e pilão, bem como do potencial de contaminação introduzido pelo meio de trituração, que pode afetar a interpretação dos dados. Normalmente, as amostras são moídas num meio líquido como o etanol ou o metanol para minimizar a perda e os danos estruturais causados pela moagem. No entanto, a trituração manual pode ser trabalhosa, particularmente para amostras muito duras ou difíceis.

3.3.7. Pormenores instrumentais:

Os difractómetros de raios X são constituídos por três elementos básicos: um tubo de raios X, um suporte de amostra e um detetor de raios X. Os raios X são gerados num tubo de raios catódicos aquecendo um filamento para produzir electrões, acelerando os electrões em direção a um alvo através da aplicação de uma tensão e bombardeando o material alvo com electrões. Quando os electrões têm energia suficiente para deslocar os electrões da camada interna do material alvo, são produzidos espectros de raios X caraterísticos. Estes espectros são constituídos por vários componentes, sendo os mais comuns o Kα e o Kβ. Kα consiste, em parte, em Kα1 e Kα2. Kα1 tem um comprimento de onda ligeiramente mais curto e o dobro da intensidade de Kα2. Os comprimentos de onda específicos são caraterísticos do material alvo (Cu, Fe, Mo, Cr). É necessária filtragem, através de lâminas ou monocrómetros de cristal, para produzir os raios X monocromáticos necessários para a difração. Os comprimentos de onda de Kα1 e Kα2 são suficientemente próximos, pelo que se utiliza uma média ponderada dos dois. O cobre é o material alvo mais comum para a difração de um único cristal, com radiação CuKα = 1,5418Å.

Estes raios X são colimados e direcionados para a amostra. À medida que a amostra e o detetor rodam, a intensidade dos raios X reflectidos é registada. Quando a geometria dos raios X incidentes que atingem a amostra satisfaz a equação de Bragg, ocorre interferência construtiva e verifica-se um pico de intensidade. Um detetor regista e processa este sinal de raios X e converte o sinal numa taxa de contagem que é depois enviada para um dispositivo como uma impressora ou um monitor de computador. A geometria de um difratómetro de raios X é tal que a amostra roda na trajetória do feixe colimado de raios X num ângulo θ, enquanto o detetor de raios X está montado num braço para recolher os raios X difractados e roda num ângulo de 2θ. O instrumento utilizado para manter o ângulo e rodar a amostra é designado por goniómetro. Para padrões de pó típicos, os dados são recolhidos a 2θ de ~5° a 70°, ângulos que são predefinidos no exame de raios X.

CAPÍTULO IV

RESULTADOS E DISCUSSÃO

4. Introdução

No âmbito do trabalho de dissertação, foram efectuados os seguintes trabalhos de investigação.

- Observação no terreno
- Análise granulométrica
- Análise mineralógica
- Análise geoquímica

4.1. Observação no terreno

4.1.1. Terraço marinho

Um terraço marinho é qualquer superfície relativamente plana de origem marinha, delimitada por um declive ascendente mais acentuado de um lado e por um declive descendente mais acentuado do lado oposto. Durante o período Pleistoceno, a zona costeira do Golfo de Manner foi sujeita a movimentos tectónicos. Devido a estes movimentos tectónicos, algumas das zonas costeiras, especialmente a zona da praia, foram elevadas de 3 a 27 metros em relação ao nível médio do mar.

4.1.2. Linha de flutuação

O swash é uma camada turbulenta de água que se deposita na praia após a rebentação de uma onda. A ação do swash pode deslocar os materiais da praia para cima e para baixo, o que resulta na troca de sedimentos entre praias. A linha de swash foi observada em todas as zonas costeiras estudadas.

4.1.3. Cúspide de praia

As cúspides das praias são formações litorais constituídas por vários tipos de sedimentos num arco

padrão. Ocorrem quase sempre num padrão regular com cúspides de igual tamanho e espaçamento

que aparecem ao longo de troços da linha de costa.

4.1.4. Ondas de ressaca

Undertow é a sub-corrente que se desloca para o largo quando as ondas se aproximam da costa. A corrente subterrânea é uma caraterística natural e universal de quase todas as grandes massas de água. Foi observada na região costeira de Thoothukudi.

4.1.5. Ondas e marés

As ondas formam-se devido à força extrema de fúria exercida pelo vento na superfície da água. As ondas são normalmente observadas nas zonas menos profundas do oceano. As marés são formadas devido à interação dos efeitos gravitacionais entre a Terra, a Lua e o Sol. Nas zonas oceânicas profundas, as marés são normalmente produzidas.

Uma duna é um monte de areia formado pelo vento, geralmente ao longo da praia ou num deserto. As dunas formam-se quando o vento sopra a areia para uma zona abrigada atrás de um obstáculo. Cada duna tem uma face de barlavento e uma face de deslizamento. A face de barlavento de uma duna é a face onde o vento sopra e empurra o material para cima. A face de deslizamento das dunas é simplesmente o lado sem vento. A face de deslizamento é geralmente mais suave do que a face de barlavento de uma duna. Foram observadas dunas na região de Kayalpattinam e da ilha Hare.

4.1.6. Morfologia da praia

A morfologia da praia é a forma da praia. O perfil sedimentar da praia é o padrão de distribuição do material depositado de diferentes tamanhos ou formas. As ondas construtivas alteram a morfologia da praia ao provocarem um movimento líquido de sedimentos para cima, tornando o perfil da praia mais íngreme.

a) Backshore

A área de uma costa que se situa entre a linha média da maré alta e a vegetação. O litoral é afetado pelas ondas apenas durante tempestades fortes. Uma zona superior da costa acima da maré alta.

b) Berma

Uma berma de praia é uma crista paralela à costa, quase horizontal, que se forma na praia devido ao transporte para terra da fração mais grosseira do material de praia pela rebentação das ondas (swash).

c) Costa

O litoral é a parte da praia que se estende desde a linha de baixa-mar média até à maior elevação atingida pelas ondas na maré alta normal.

d) Offshore

Pode ser a zona ao largo da costa, da zona de rebentação ou da zona litoral. Correntes As correntes oceânicas são o movimento contínuo, previsível e direcional da água do mar, impulsionado pela gravidade, pelo vento (efeito Coriolis) e pela densidade da água. A água do mar move-se em duas direcções: horizontal e verticalmente. Os movimentos horizontais são designados por correntes, enquanto as mudanças verticais são designadas por upwelling ou down welling. Uma corrente de rebentação, por vezes incorretamente designada por maré de rebentação, é uma corrente localizada que se afasta da linha de costa em direção ao oceano, perpendicular ou em ângulo agudo em relação à linha de costa. Normalmente, rebenta não muito longe da costa e, geralmente, não tem mais de 25 metros (80 pés) de largura. Uma corrente costeira longa é uma corrente oceânica que se move paralelamente à costa. É causada por grandes ondulações que varrem a linha de costa em ângulo e empurram a água ao longo da praia numa só direção. Foi observada na região costeira de Vattakottai. As correntes litorais ocorrem na zona sud e deslocam-se de zonas de energia relativamente elevada (cabeceiras) para zonas de baixa energia (embaiamentos).

4.2. Análise granulométrica

4.2.1. Introdução

A análise granulométrica é utilizada para descrever a natureza dos sedimentos clásticos. Tem sido considerada como uma ferramenta importante para avaliar as condições hidrodinâmicas do processo sedimentar, como o transporte e a deposição de sedimentos. Os estudos sedimentológicos contribuem para as últimas décadas. A maior parte destes trabalhos teve como objetivo conhecer a distribuição granulométrica e o ambiente de deposição. A maior parte dos estudos sedimentológicos aborda a curva de frequência, parâmetros estatísticos como a média, mediana, desvio padrão (ordenação), assimetria e curtose. Utilizando os dados obtidos na análise granulométrica, foi elaborada uma representação gráfica dos sedimentos de praia sob a forma de curvas de frequência acumulada.

4.2.2. Histograma

O histograma é amplamente utilizado para representar dados granulométricos. Trata-se simplesmente de um diagrama de barras em que a percentagem de peso dos sedimentos em cada classe de tamanho é representada por uma barra retangular. Por convenção, o tamanho do grão é representado na abcissa (eixo x) e a frequência da percentagem de peso na ordenada (eixo Y). O histograma da maioria dos sedimentos apresenta uma distribuição uni modal, que é designada por classe modal. Figura 4.2.1. (a -j)

4.2.3. Curva de frequência acumulada

As curvas de frequência acumulada são uma curva suave. Descreve a relação entre a dinâmica do transporte de sedimentos e a distribuição granulométrica. Para desenhar curvas cumulativas, o tamanho do grão é representado no eixo horizontal ou na abcissa do eixo X. A percentagem de peso acumulado é representada no eixo vertical ou eixo Y ou eixo das ordenadas com uma escala de 0 a 100 percentagens. As curvas de frequência dos sedimentos totais são apresentadas nas figuras 2.3 (a-j)

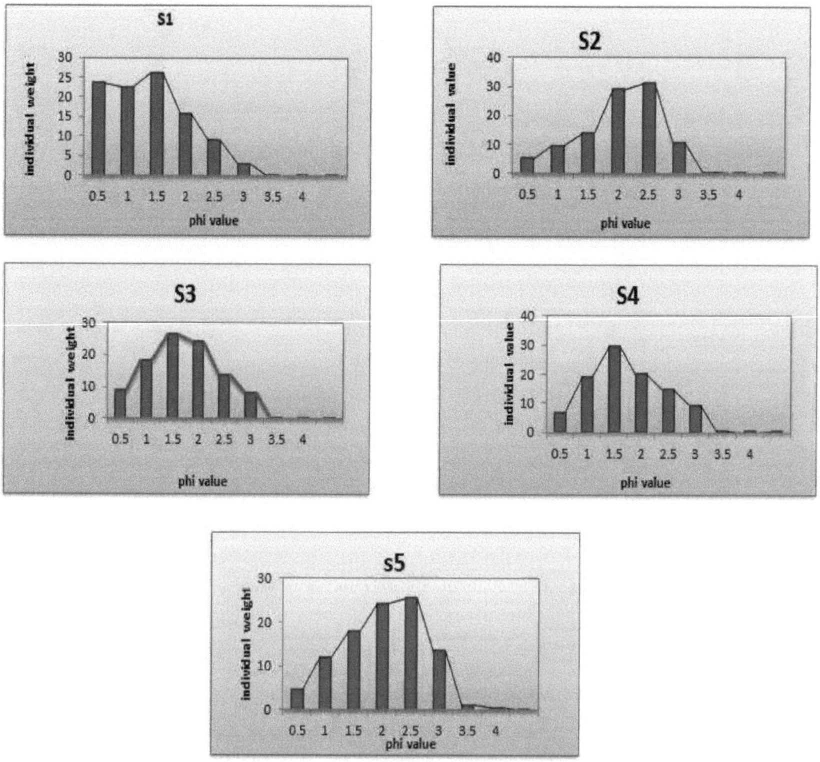

Figura 4.2.1 a -e histograma da área de estudo

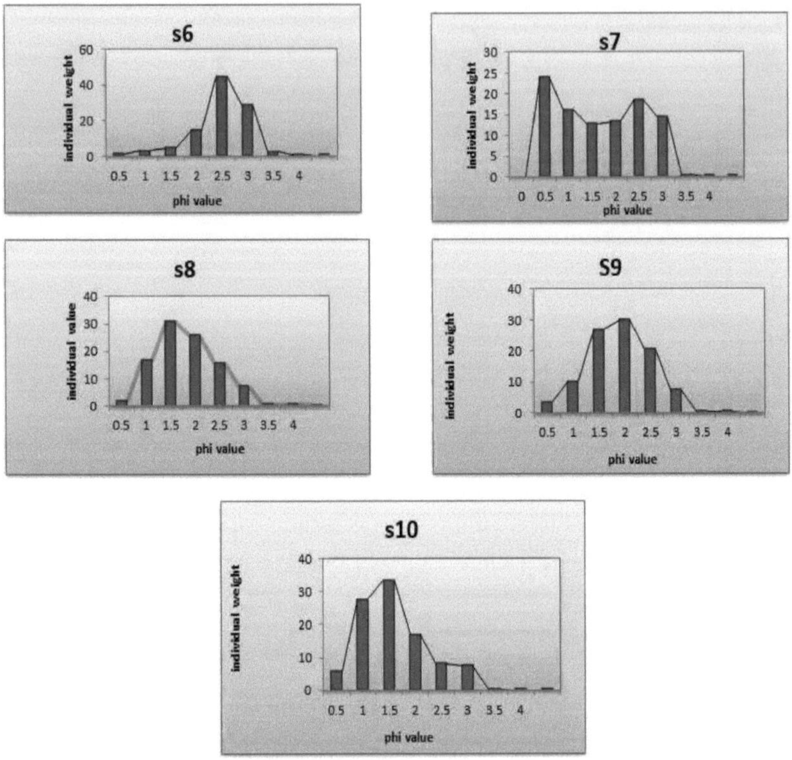

Figura 4.2.2 f -j histograma da área de estudo

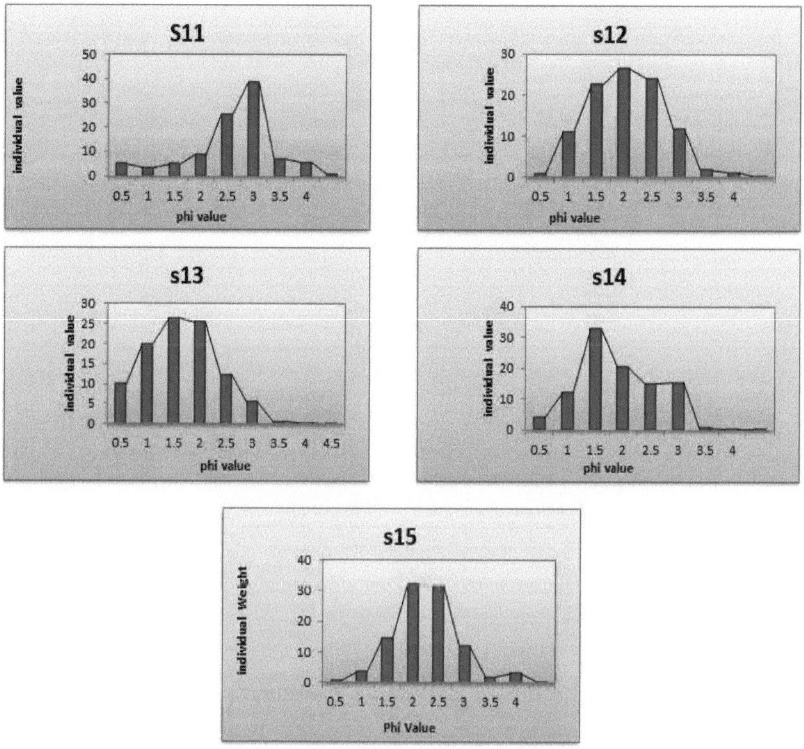

Figura 4.2.3. histograma k-o da zona de estudo

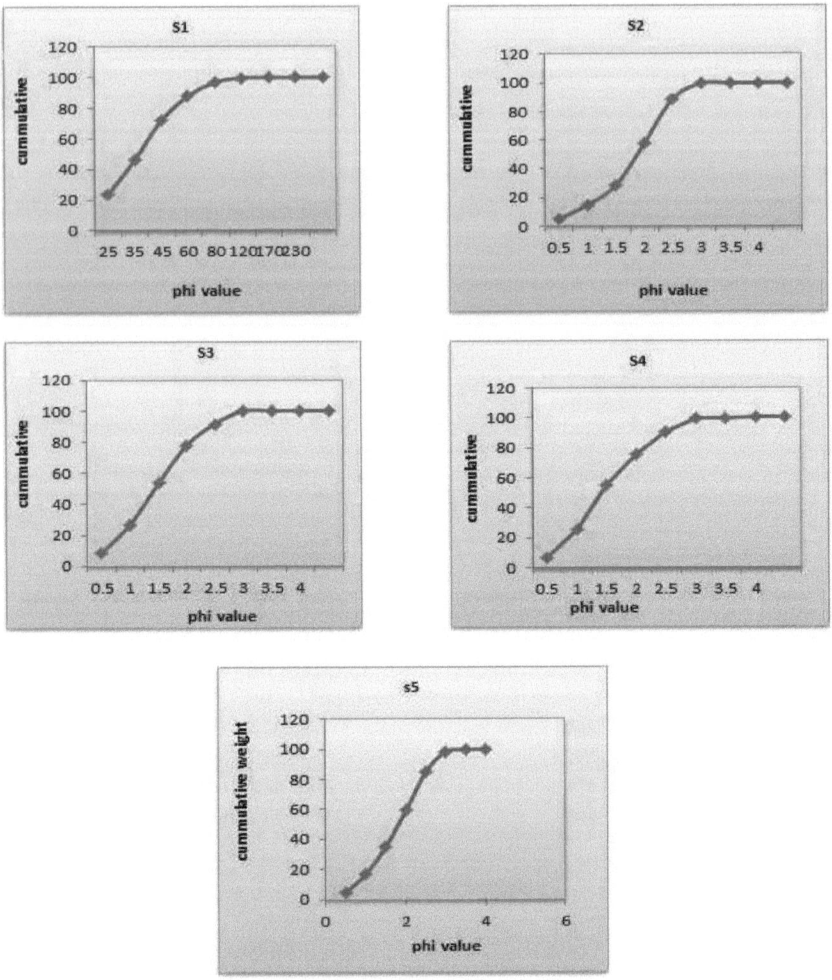

Figura 4.2.4. a -e curva cumulativa da zona de estudo

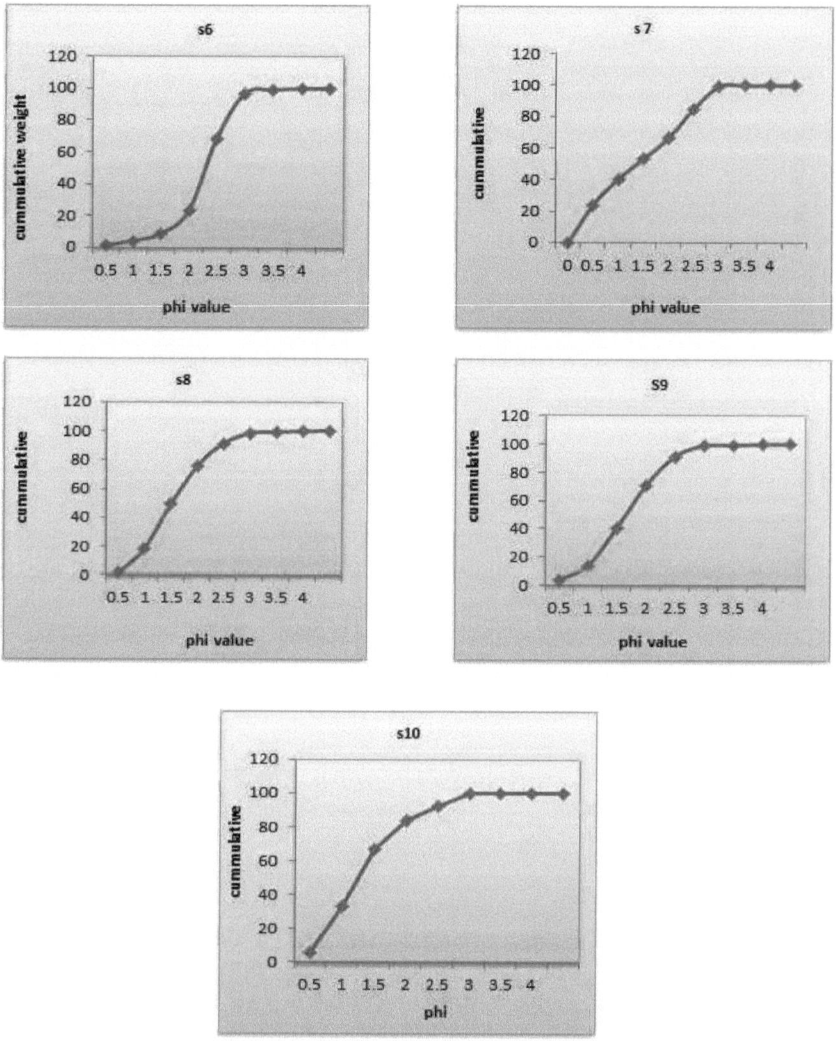

Figura 4.2.5. f -j mostrada Curva cumulativa da área de estudo

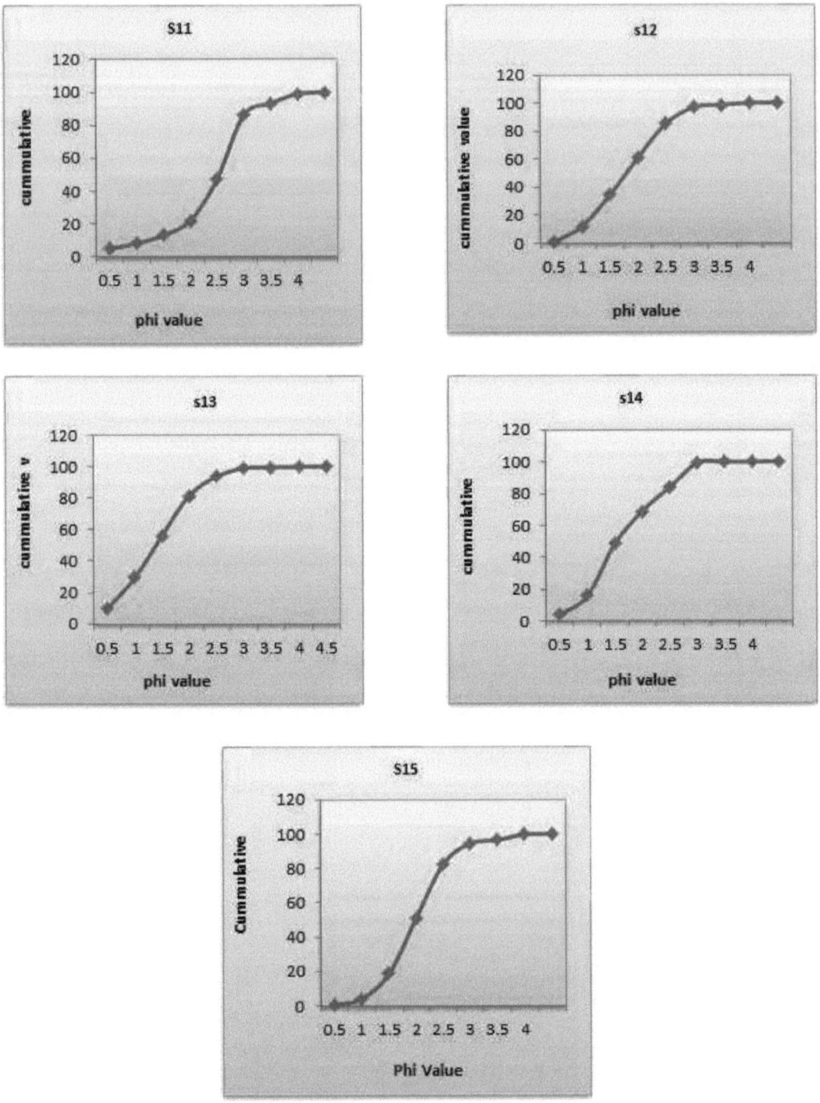

Figura 4.2.6. k-o, curva cumulativa da área de estudo

4.4 Parâmetros estatísticos

São utilizados quatro parâmetros de tamanho de grão para descrever a distribuição do tamanho de grão. São eles a média, o desvio padrão, a assimetria e a curtose. Para além destes, a mediana e a moda são utilizadas para compreender a variação do tamanho do grão relativamente ao ambiente de deposição e às condições de energia (Folk e Ward 1968).

Fórmula Folk & Ward (1958)

Média mφ = p60+p50+p84/3

Desvio padrão Mdφ =p84-p16/ 4+p95+p5/6.6

Assimetria = (p16+p85) _p50/2(p84_p16)

Curtose = (p95_p5)/2,44 (p75_p 25)

O resultado da análise granulométrica é apresentado na tabela-3.

Software GRADISTAT

As amostras foram peneiradas para determinação da granulometria e os dados foram analisados com base no programa GRADISTAT (versão 8.0). Os parâmetros texturais foram calculados utilizando o programa GRADISTAT versão 8.0 (Blott 2000), e são dados de acordo com o método proposto por folk e ward (1957). As interpretações são as seguintes.

a) Média

A média é a média estatística expressa em unidades phi. Diferentes investigações sugeriram diferentes fórmulas para o cálculo destes parâmetros estatísticos, mas a mais aceite é a apresentada por Folk e Ward (1968). A média dos sedimentos de praia da área de estudo mostra uma variação de 0,545 a 2,995, que se enquadra na categoria de sedimentos grosseiros a finos.

b) Mediana

A mediana é o tamanho para o qual metade das partículas em peso são grossas e metade são finas.

c) Ordenação

Coeficientes A partir da medida da válvula de ordenação ou desvio padrão ou dispersão, as seguintes classes são sugeridas por folk (1968). A classificação é medida pelo coeficiente que é a raiz quadrada da razão entre os quartis q3\q1, onde q3 e q1 são valores percentuais de 25 e 75, respetivamente. Os sedimentos perfeitamente ordenados têm um coeficiente de 1,0.

- < 0,35 muito bem ordenado
- 0,35-0,50- bem selecionado
- 0,50-0,71- moderadamente bem selecionado

- 0,71-1,00- moderadamente selecionado
- 1.00-2.00- mal selecionado
- 2.00-4.00- muito mal selecionado
- > 4.00- extremamente mal selecionado

d) assimetria

A assimetria é a medida da assimetria da distribuição de probabilidades de uma variável aleatória de valor real em relação à sua média. O valor da assimetria é um número puro e este valor é representado por um sinal positivo ou negativo. As curvas simétricas têm um valor de assimetria - 0,01; o excesso de materiais finos tem uma assimetria positiva, enquanto que os resultados com assimetria negativa são apresentados com excesso de materiais grosseiros. Os valores de assimetria de quaisquer depósitos são sugeridos por folk da seguinte forma:

- +0,03 a 0,10- finamente enviesado
- +0,10 a -0,10- quase simétrico
- -0,10 a -0,30- com enviesamento grosseiro
- -0,30 a -0,1- enviesamento fortemente grosseiro

d) Curtose

A curtose é o pico. Mede a relação de seleção entre a cauda e a parte central. A curtose gráfica mede as partes dos sedimentos que são selecionadas no ambiente de alta energia e posteriormente transportadas e modificadas por outro tipo de ambiente (folk e ward 1957). O rácio de dispersão é, portanto, um número puro. Os limites da curtose são os seguintes, segundo Folk (1968).

- Inferior a 0,67 - muito platicúrtica
- 0,67-0,90 - platicúrtica
- 0,90-1,11 - mesocúrtica
- 1,11-1,50 - leptocúrtico
- 1,50-3,00 - extremamente leptocúrtico

O valor da curtose variou entre 0,526 e 2,369, o que, na área de estudo, mostra que as amostras são muito platicúrticas a mesocúrticas.

4.5 Gráficos bivariantes do ambiente deposicional

O estudo ambiental classificatório do desvio-padrão versus a assimetria gráfica (Stewart, 1958) indica os diagramas do processo de praia, do processo fluvial, da água de escoamento e do auto interior. As parcelas da área de estudo traçadas no diagrama padrão representam o ambiente deposicional do ambiente de praia. De acordo com (Moiola e Weiser, 1968), a assimetria vs. a média do diagrama padrão, o resultado da área de estudo recai sobre o ambiente de praia apresentado na figura 18. De acordo com (Friedman,1961 e Moiola e Weiser, 1968), o diagrama padrão de desvio padrão vs. média gráfica representa o ambiente deposicional da área de estudo que se enquadra no ambiente de praia, como mostra a figura 19. O gráfico padrão de assimetria vs. desvio padrão gráfico (Friedman,1961 e Moiola e Weiser,1968, assimetria gráfica vs. curtose (Friedman,1967), assimetria vs. desvio padrão (Friedman,1967)) representa o ambiente de praia e rio, os resultados da área de estudo mostram o ambiente de praia, como mostra a figura. A assimetria em relação à média (Moiola e Weiser, 1968 e Hails e Hoyt, 1969) representa o ambiente de praia e de deposição, respetivamente. A área de estudo cai no gráfico indica ambiente de praia mostra na figura 4.5.1.

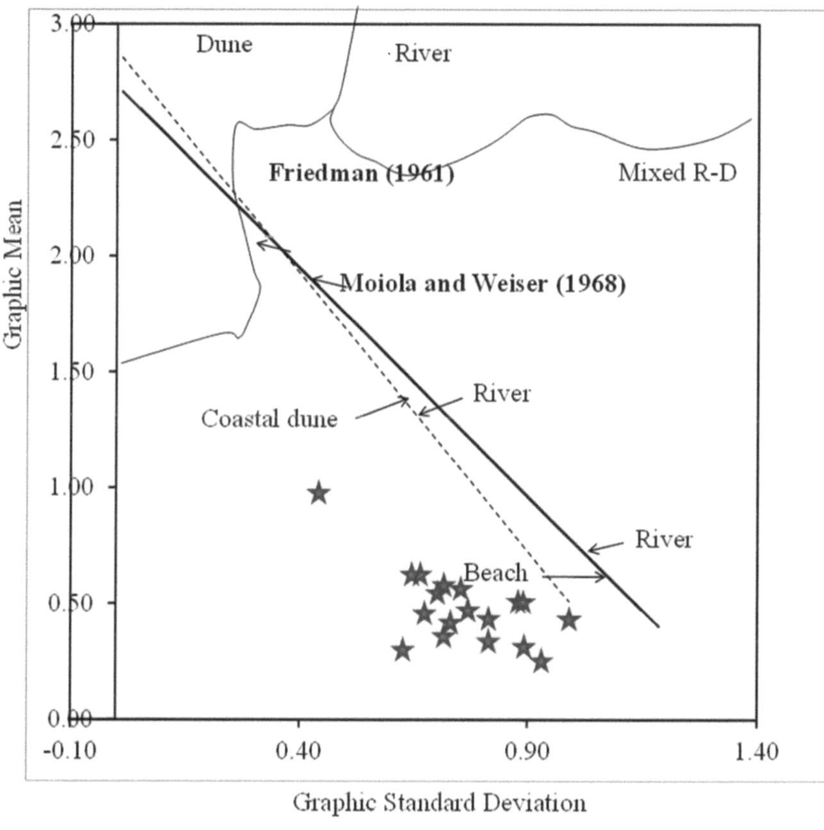

Figura 4.5. Gráfico bi-variante da área de estudo

4.6. Análise do carbono orgânico

Após a análise laboratorial para determinar a % de $CaCO_3$ CaCO3% = (determinação em branco - leitura da amostra) × normalidade do NaOH × volume de HCL ÷ volume da titulação efectuada.

Para determinar o carbono orgânico

$$\boldsymbol{Organic\ Carbon\ \% = \frac{(X - Y) \times N \times 0.003 \times 100}{Weight\ of\ soil(W)}}$$

X - Leitura em branco, Y - Leitura de amostra

$$\boldsymbol{Organic\ Matter\% = \frac{Organic\ Carbon\ \% \times 100}{58}}$$

4.6.1 Análise do carbonato de cálcio

Procedimento

A solução de Hcl produzida deve ser adicionada em 10 ml ao erlenmeyer. Colocar na bureta uma solução preparada de NaOH. Agitar o erlenmeyer até que o sedimento se dissolva, depois de adicionar uma gota de fenolftaleína. Agitar o erlenmeyer depois de adicionar gota a gota a solução de NaOH até a cor passar de incolor a rosa.

Para determinar a % de $CaCO_3$

$$\mathbf{CaCO_3\% = \frac{(Blank\ determination - Sample\ reading) \times Normality\ of\ NaOH \times Volume\ of\ HCL}{Volume\ of\ titration\ taken}}$$

A quantidade de carbonato de cálcio nos sedimentos da praia é influenciada por factores geológicos, como a meteorização das rochas calcárias na zona de captação, a composição alcalina e a precipitação resultante da interação entre os iões de cálcio e os bicarbonatos dissolvidos. Além disso, as plantas e a vida selvagem circundantes contribuem para a acumulação de carbonato de cálcio, facilitada por um ambiente ácido resultante da libertação de dióxido de carbono durante a decomposição de resíduos orgânicos. O material orgânico presente no lodo resulta da decomposição de matéria animal e vegetal, enriquecendo o sedimento e suportando várias espécies microbianas. Em toda a área de estudo, as zonas da ilha da Lebre e da praia do Porto apresentam uma elevada acumulação de carbono orgânico e de carbonato de cálcio.

Tabela 4. Carbono orgânico e carbonato de cálcio na área de estudo

S.N.	Carbono orgânico	Carbonato de cálcio
1	9.2	49.77
2	4.6	36.76
3	4.3	21.25
4	6.2	48.75
5	7.8	50
6	4.3	52.5
7	5.1	60
8	9.2	50
9	4.2	36.75
10	7.8	32.46
11	8.1	27.8
12	6.4	40.27
13	4.3	32.2
14	5.3	27.55
15	9.1	57.64

4.7. Análise XRD

As análises XRD dos sedimentos de praia da área de estudo estão tabuladas nas figuras 4.7.1 a a e e na Tabela de 5 - 10. Com base nos valores de espaçamento `d' e sua intensidade relativa, que são verificados com o livro Sachinath Mitra, (1989), foram identificados os seguintes minerais: quartzo mineral silicatado, feldspatos como ortoclásio, anortita, reddingita, muscovita, biotita, zircão, rutilo, epídoto, sillimanita, hiperstênio, microclina, grafite, granada, baritina, illeminta, estibnita e cianita. Observações semelhantes de mineralogia foram registadas em várias áreas (Hema e Navin, 2004; Udayanapillai e Thiruganasambandam, 2012; Perumal e Udayanapillai, 2019 e 2020). A presença dos minerais supracitados nos sedimentos de praia reflecte a proveniência das fontes continentais das rochas da cintura granulítica meridional de Tamilnadu, tais como quartzito, calc-granulito, khondalito, hornblenda biotite gnaisse, charnockite, granito e pegmatite.

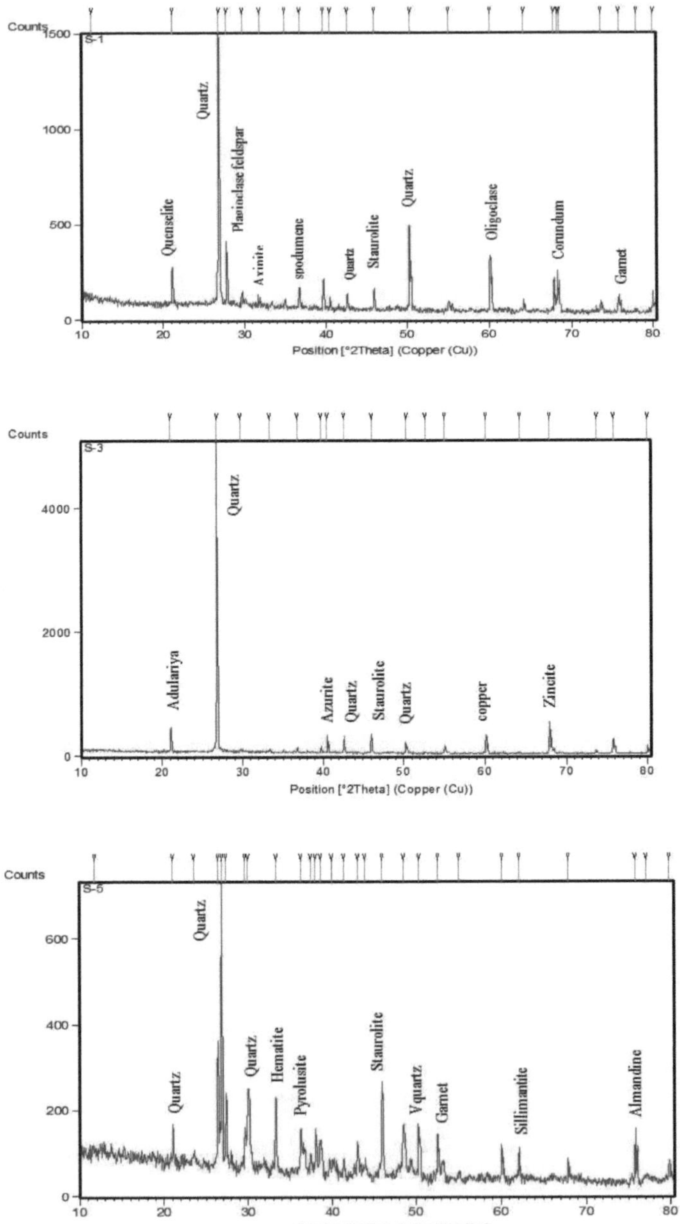

Figura 4.8.1 Resultado de XRD na área de estudo

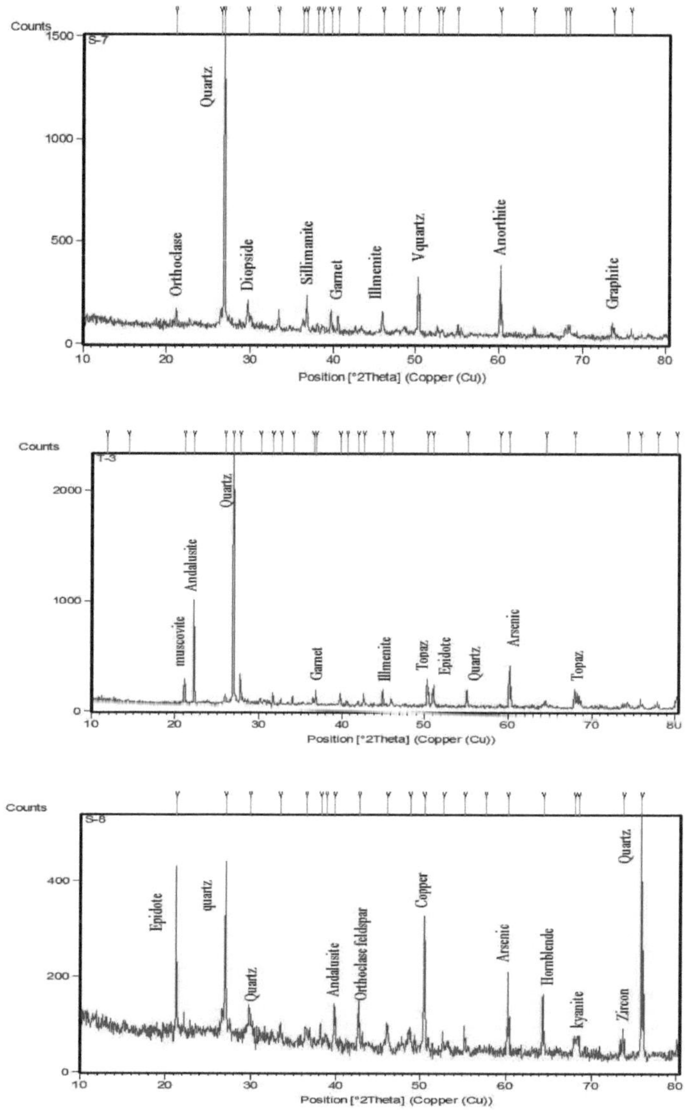

Figura 4.7.2. Resultado de XRD na área de estudo

A tabela 5 mostra os resultados de XRD na área de estudo

S.NO	MINERAL GRUPO	MINERAL IDENTIFICADO	S1	S2	S3	S4	S5	S6	S7	S8	S9	S10
		QUARTZO	✔	✔	✔	✔	✔	✔	✔	✔	✔	✔
		ZIRCON										
	SILICATOS	ANDALUSITE			✔							✔
		CIANITE										
		BERYL										
		VQUARTZ				✔		✔				
		MAGNESITE										
		CALCITE					✔					
	CARBONATOS	DOLOMITE										
		AZURITE		✔								
		CUPRITE										
	ÓXIDOS	DIAPORE										
		CORDÃO	✔						✔	✔	✔	
		HEMATITE				✔						
		ANDESINA										
		OLIGOCLASE	✔									
		ORTOCLASE					✔	✔		✔		✔
		LABRADORITE										
	FELDSPAR	ALBITE										
		ANORTITO						✔	✔	✔	✔	
		ADULÁRIA		✔								
		MICROCLINA										
		PLAGIOCLASE FELDSPAR	✔									
	BIOTITE	BIOTITE										
		MUSCOVITE			✔				✔		✔	
		DIOPSÍDEO						✔		✔	✔	
		AUGITE										
	PIRÓXENO	HIPERTENSÃO					✔		✔		✔	
		ESPODUMENO	✔									
	ZIRCON	ZIRCON					✔					✔
	EPIDPOTE	EPIDOTE			✔				✔			✔
	ILMENITE	ILMENITE			✔			✔				
	PIRÓLUSITE	QUENSELITE	✔									
	CÁLCIO	HORNBLENDE								✔		✔
		ANDALUSITE					✔					
		CIANITE										✔
	ANDALUSITE	TOPAZ			✔		✔				✔	
		ESTAUROLITE	✔	✔		✔						
		SILLIMANITE				✔		✔			✔	

	CHALCOCITE	CHALCOCITE										
		CROOKESITE										
	ZINCITE	ZINCITE		✔								
		CUPRITE										
	GRUPO RUTILE	RUTILA								✔		
		BROOKITE										
		PIRÓLUSITE				✔						
	GARNET	GARNET	✔		✔	✔	✔	✔				
		ALMANDINA				✔						
	CARBONO	GRAFITE						✔		✔		
	ARSENIC	ARSENIC			✔							✔
	AXINITE	AXINITE	✔									
	COBRE	COBRE				✔						✔

As amostras de solo foram submetidas a uma análise de difração de raios X para determinar a sua composição mineralógica, revelando um total de 66 minerais identificados. Esses minerais foram categorizados em grupos como carbonato, silicato, hematita, granada, caulinita, biotita, anfibólio e óxido, conforme descrito na Tabela (4). Entre os minerais identificados, quatro tipos de minerais de silicato estavam presentes nas amostras de solo: Quartzo (1-10), Ortoclásio (1-7, 9-10), Plagioclásio (3-8), e Anortosita (4, 7-8). O grupo dos carbonatos foi predominante nas amostras de solo, particularmente nas amostras (3, 6, 8) onde minerais como a Calcite e a Dolomite eram abundantes. Uma análise mais aprofundada revelou que os minerais de silicato, caulinite, andaluzite e biotite eram predominantes nas amostras (1, 3, 6, 8), enquanto os minerais de carbonato e óxido eram mais proeminentes nas últimas amostras (3, 4, 5, 6, 7, 9, 10)

4.8. ANÁLISE DE MICROPLÁSTICOS

A poluição por microplásticos é uma preocupação ambiental global, particularmente nas regiões costeiras da área de estudo. Os ecossistemas costeiros são infiltrados por microplásticos provenientes da urbanização, das actividades industriais, da navegação, do turismo e da má gestão dos resíduos. A compreensão desta dinâmica é crucial para o desenvolvimento de estratégias de gestão eficazes e para a preservação da integridade ecológica desta região sensível. Este estudo tem como objetivo fornecer informações. Tabela 4.8.1 tipos de polímeros e suas aplicações

Tabela 6 tipo de polímero e sua aplicação

S.N.	Polímero	Gravidade específica (g/cm)^2	Aplicação
1	Polietileno	0.91-0.95	Sacos de plástico, recipientes de armazenamento
2	Polipropileno	0.90-0.92	Cordas, tampas de garrafas, material de pesca
3	Acetato de celulose	1.22-1.24	Botões de cigarro
4	Poliéster	>1.35	Têxteis, barcos
5	Tereftalato de polietileno	1.34-1.39	Garrafas, correias
6	Nylon	1.15	Redes de pesca, cordas
7	Cloreto de polivinilo	1.16-1.3	Películas, tubos, contentores
8	Poliestireno	1.04-1.09	Utensílios

4.8.1 CLASSIFICAÇÃO DOS MICROPLÁSTICOS

Um estudo sobre os sedimentos da praia de Thoothukudi classificou os microplásticos com base no tamanho, forma, composição do polímero e origem. Os resultados revelaram uma gama diversificada de microplásticos, predominantemente compostos por polietileno, polipropileno e poliestireno. O estudo identificou fontes potenciais de actividades recreativas locais e processos industriais offshore. A compreensão das caraterísticas dos microplásticos é crucial para o desenvolvimento de estratégias de atenuação eficazes para proteger os ambientes marinhos e as comunidades costeiras. O estudo sublinha a necessidade de intervenções específicas e de medidas políticas para atenuar o seu impacto nos ecossistemas costeiros e na saúde humana.

ABUNDÂNCIA DE MICROPLÁSTICOS

Os sedimentos da praia de Thoothukudi estão contaminados com microplásticos, um problema importante devido à poluição por plásticos nos ambientes costeiros. As concentrações variam em função de factores como a proximidade urbana, as correntes costeiras e as práticas de eliminação de resíduos. Este facto sublinha a necessidade de estratégias abrangentes para proteger os ecossistemas marinhos e a integridade ecológica das zonas costeiras da ilha de Rameshwaram. A monitorização e o tratamento das fontes de microplásticos são cruciais para a preservação da biodiversidade.

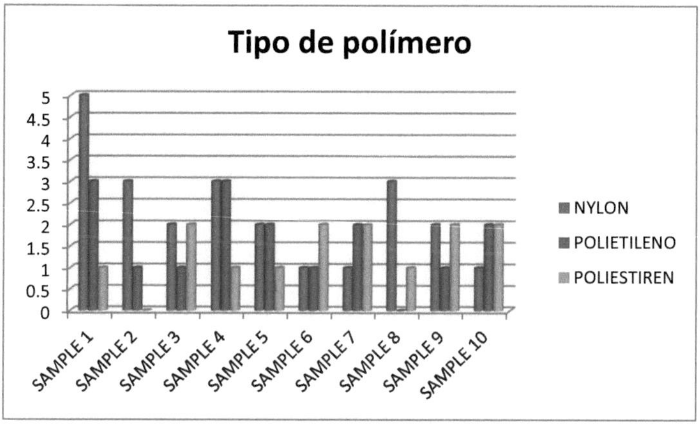

Figura 4.8.1 tipo de polímero apresentado

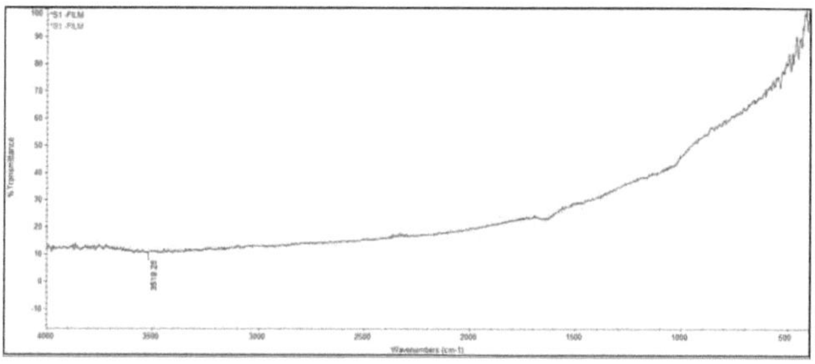

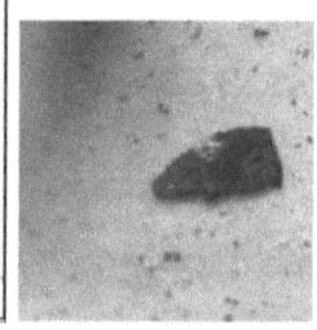

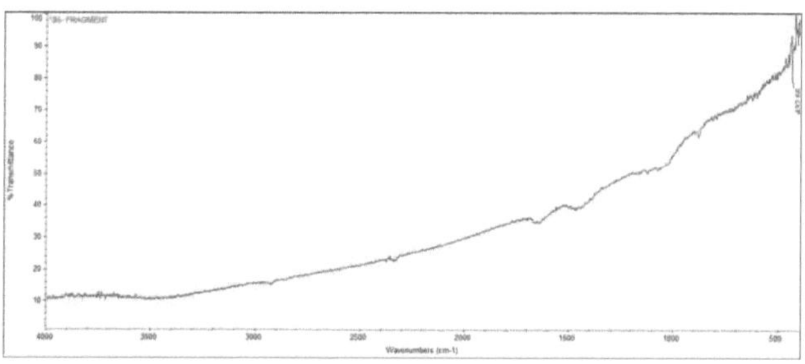

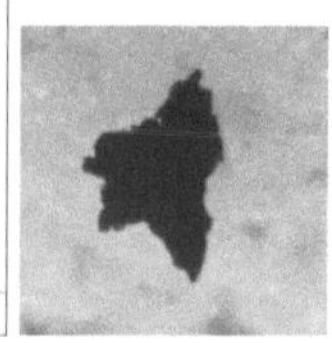

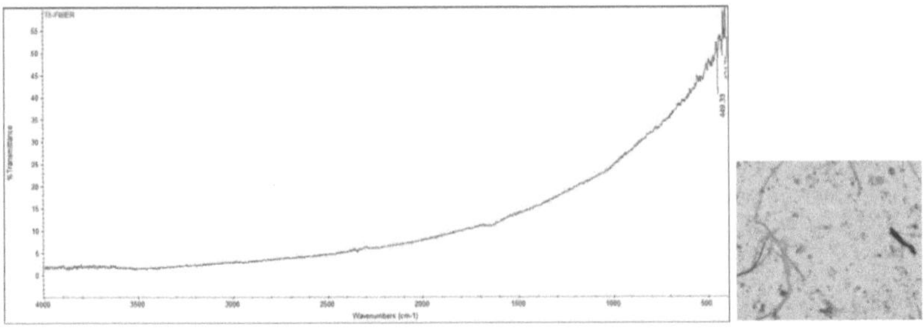

Figura 4.8.2 Resultado do FTIR

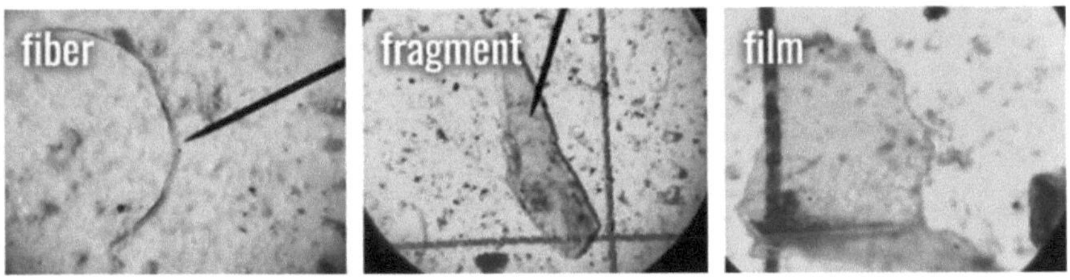

4.7.2. CLASSIFICAÇÃO DA DIMENSÃO DOS MICROPLÁSTICOS

Os investigadores classificaram os microplásticos presentes nos sedimentos da praia de Thoothukudi em tamanhos distintos, fornecendo informações sobre a sua distribuição e implicações ecológicas. Estes microplásticos vão desde os macroplásticos com mais de 5 mm até aos nanoplásticos com menos de 0,1 mm. Esta classificação ajuda a compreender as fontes, os mecanismos de dispersão e os impactos ecológicos destes poluentes, contribuindo para o desenvolvimento de estratégias específicas de atenuação e conservação

4.7.3. CLASSIFICAÇÃO POR CORES DOS MICROPLÁSTICOS

Os investigadores classificaram os microplásticos nos sedimentos da praia de Thoothukudi com base nas suas caraterísticas de cor, revelando as suas origens e fases de degradação. As diversas cores reflectem as fontes de detritos plásticos, como resíduos industriais e produtos de consumo. Compreender a distribuição das cores é crucial para avaliar o impacto ecológico e implementar estratégias de mitigação, preservando a saúde e a biodiversidade dos habitats marinhos. Relativamente à distribuição das cores, o preto (38%), o castanho (34%) e o branco (31%) foram as tonalidades mais frequentemente observadas em todos os locais de estudo. Uma vez que a análise FTIR de MPs minúsculos (<0,5 mm) é um desafio, foram escolhidos MPs com um tamanho de 0,5 mm para investigar o tipo de polímero. A análise FTIR dos materiais revelou que o polipropileno (PP), os polímeros comuns são o polietileno (PE), o nylon (NY), o cloreto de polivinilo (PVC) e o poliestireno (PS).

4.7.4. CLASSIFICAÇÃO DA FORMA DOS MICROPLÁSTICOS

Os investigadores classificaram os microplásticos nos sedimentos da praia de Thoothukudi com base nas suas formas, fornecendo informações sobre as suas fontes, mecanismos de transporte e implicações ecológicas. As diversas formas indicam vias de degradação a partir de fibras de vestuário, materiais de embalagem e produtos plásticos degradados. Estas formas também influenciam as interações com os organismos marinhos e os processos sedimentares, com impacto na saúde do ecossistema. Esta abordagem ajuda a proteger os ecossistemas marinhos e a biodiversidade da área de estudo.

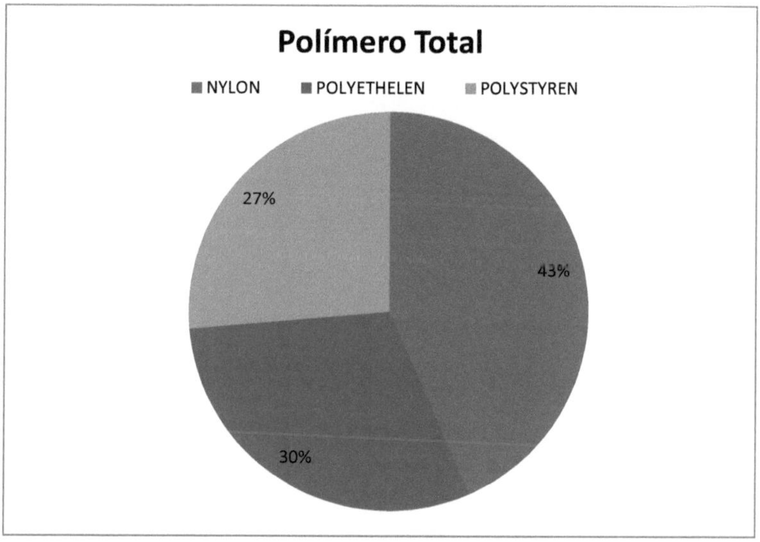

A figura 4.8.3 mostra a contagem total do tipo de polímero

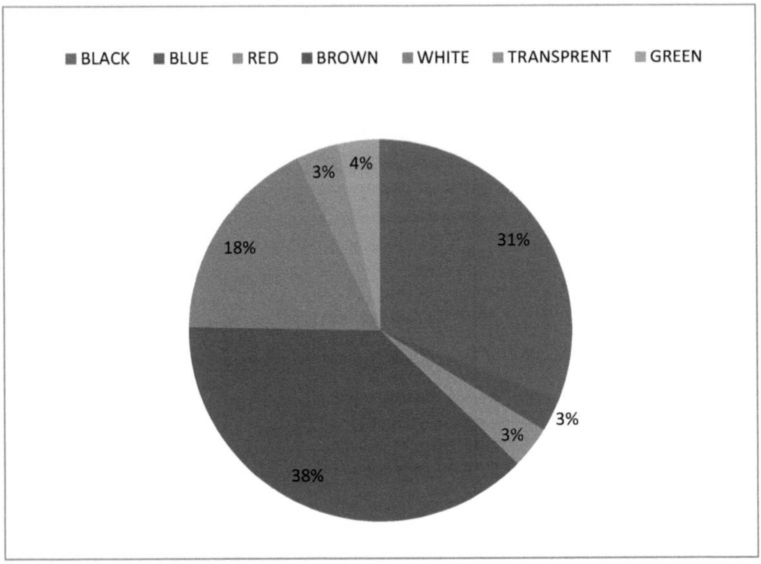

Figura 4.8.4 Classificação cromática da MP

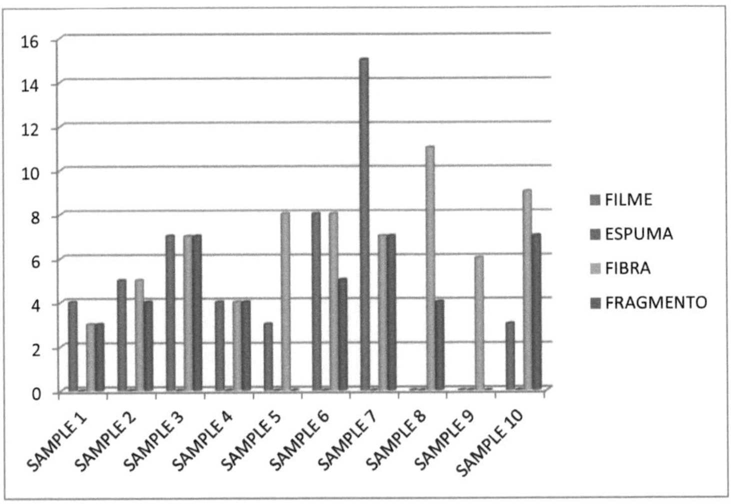

Figura 4.8.5 Classificação da MP

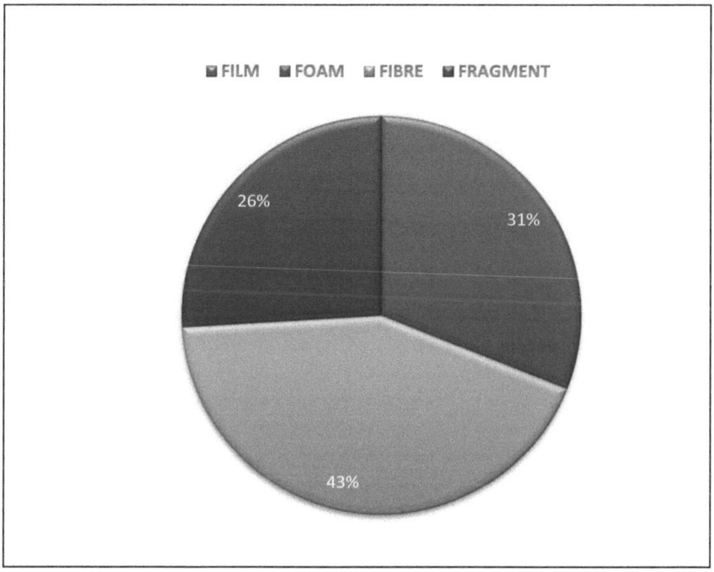

Figura 4.8.6 Classificação da MP

4.9. ANÁLISE DA POLUIÇÃO

4.9.1. Índice de carga poluente

Os resultados do PLI indicaram claramente que todas as amostras de sedimentos da berma da estrada estavam poluídas com MPs (PLI > 1) (Kabir at al. 2021), com exceção da estação 4 (1), que apresenta PLI inferior a 1 e sugere um nível semelhante de todas as estações. O PLI altamente poluente é a estação 8 (1,63), que tinha uma maior abundância de MPs, encontrou um nível de poluição mais elevado do que os outros locais por meio do PLI Como o PLI se refere principalmente à abundância de MPs, o aumento da abundância de MPs Concentração A concentração de microplásticos pe, pp, pet, pvc e ny no local da amostra resultou numa maior carga de poluição. Avaliações de riscos poliméricos (H) e risco de poluição (PRI) também foram necessárias para desenvolver uma compreensão clara dos riscos de poluição em relação aos níveis de poluição baseados em PLI (A. H. M. EnamulKabir et al, 2021). Figura 4.8.2 índice de carga de poluição da área de estudo.

O PLI foi calculado da seguinte forma:

$$PLI_i = \frac{C_i}{C_o}$$

$$PLI_{area} = \sqrt[n]{PLI_1 \times PLI_2 \times PLI_3 \times \ldots\ldots \times PLI_n}$$

Quadro 7 Categorias de PLI, Hi e PRI propostas por Kabir et al. (2021)

PLI	HI	PRI	Nível de poluição
>1 Poluído	<10	<150	Baixa
	10-100	150-300	Médio
	100-1000	300-600	Considerável
	1000-10,000	600-1200	Elevado
	>10,000	>1200	Muito elevado

4.9.2. Avaliações dos riscos de poluição

A PRI (Pollution Risk Assessments) tem cinco categorias, tais como baixo (1200) (Kabir at al. 2021). Na minha zona de estudo, todas as amostras apresentam um nível de poluição baixo. Todos os riscos poliméricos mais baixos As amostras que demonstram o valor Hi não apresentam riscos de poluição baixos na zona de estudo. Calculámos os riscos de poluição dos MPs

como:

$$PRI_i = H_i \times PLI_i$$

$$PRI_{area} = \sqrt[n]{PRI_1 \times PRI_2 \times PRI_3 \times \ldots\ldots \times PRI_n}$$

A Figura 4.8.2 mostra o mapa de distribuição espacial da área de estudo e o resultado será mostrado quando a área de estudo tiver riscos baixos a médios, a poluição é de nível médio.

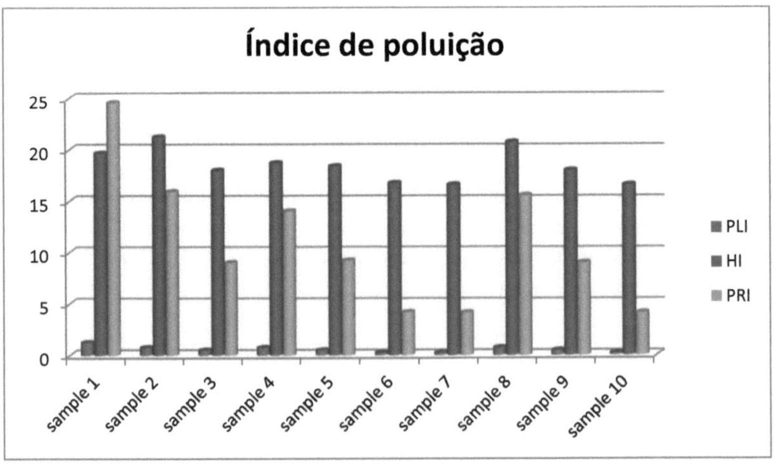

Figura 4.9.1 Índice de carga poluente

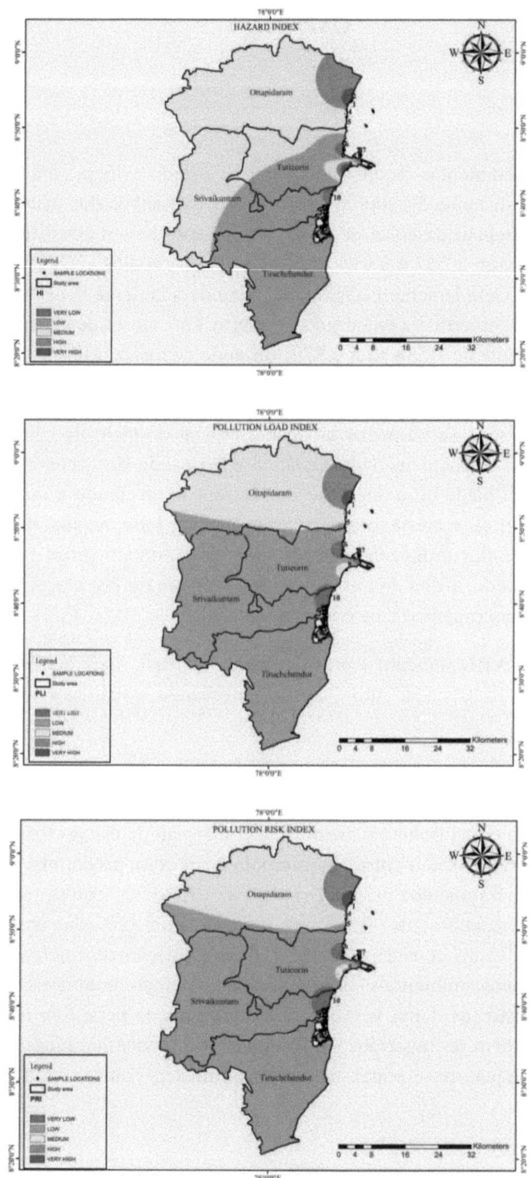

Figura 4.9.2 a,b,c mapa de distribuição espacial da zona de estudo

CAPÍTULO - V

Conclusão

As amostras de sedimentos recolhidas na área de estudo exibem uma distribuição modelo Uni, provavelmente atribuída à gama diversificada de tamanhos dos materiais de origem. As amostras obtidas na região da costa de várias praias apresentam consistentemente tamanhos médios que variam entre 2,367 e 1,094, indicando grãos médios a finos. A classificação das amostras varia de moderadamente classificadas a moderadamente bem classificadas. Desvio-padrão 0,944 a 0,540 Simétrico a enviesado grosseiro. Os valores de curtose na área de estudo aumentam gradualmente de 1,588 para 0,879, variando de mesocúrtica a leptocúrtica. A maior parte das amostras apresenta-se no intervalo mesocúrtico.

Esta matéria orgânica desempenha um papel crucial no ciclo do azoto e na estabilidade dos sedimentos, com impacto na vida aquática e na saúde dos ecossistemas. Além disso, influencia a disponibilidade de oxigénio e de nutrientes, afectando a qualidade da água e a atividade microbiana. A matéria orgânica presente no lodo resulta da decomposição de matéria animal e vegetal, enriquecendo o sedimento e suportando várias espécies microbianas. Em toda a área de estudo, a ilha da Lebre e a zona da praia do Porto apresentam uma elevada acumulação de carbono orgânico e de corbonato de cálcio.

Os resultados de XRD indicam a prevalência de quartzo, minerais de feldspato, biotite e minerais pesados como granada, rutilo, zircão, sillimanite, cobaltite e ilmenite presentes na área de estudo.

Na análise de microplásticos, a área de estudo apresenta vários tipos de microplásticos que ocorrem nesta região, sendo a maior parte dos polímeros do tipo nylon ricos na área de estudo. Os índices de carga poluente mostram que a região de estudo tem um nível médio de poluição. Nas amostras de sedimentos, os microplásticos eram predominantemente compostos por fibras (43%), fragmentos (26%), película (31%) e outras formas (0,1%). Os microplásticos com tamanho entre 0,5-1 mm representaram 65% das observações, enquanto os menores que 0,05 mm constituíram 35%. A acumulação de microplásticos na área de estudo apresenta riscos ambientais significativos, incluindo potenciais danos para a vida aquática e os ecossistemas. Uma vez que os microplásticos persistem no ambiente durante longos períodos e podem ser ingeridos pelos organismos, podem ter efeitos prejudiciais para a saúde das espécies aquáticas e entrar na cadeia alimentar, colocando também riscos para a saúde humana.

Recomendação

Para proteger os ecossistemas marinhos e a saúde humana, é crucial defender uma legislação abrangente, iniciativas de controlo da poluição e estratégias de desenvolvimento costeiro sustentável.

Thoothukudi, um importante destino turístico, requer a colaboração entre as ONG e os organismos governamentais para implementar medidas de controlo da poluição por plásticos. Estas medidas incluem acções legislativas, programas de controlo da poluição, técnicas de desenvolvimento costeiro sustentável, campanhas de sensibilização do público e envolvimento das partes interessadas.

Ao aplicar estas medidas, podemos alcançar um equilíbrio sustentável entre o desenvolvimento costeiro, o turismo e a conservação do ambiente, salvaguardando os ecossistemas marinhos e a saúde humana para as gerações futuras. Esta abordagem assegurará um turismo responsável e o desenvolvimento económico em Thoothukudi.

Referência

1. Cherian, A., Chandrasekar, N., & Rajamanickam, V. (2004). Light minerals of beach sediments from Southern Tamilnadu, south east coast of India. *Oceanologia*, *46*(2).

2. Angusamy, N., & Rajamanickam, G. V. (2006). Depositional environment of sediments along the southern coast of Tamil Nadu, India. *Oceanologia*, *48*(1).

3. Angusamy, N., & Rajamanickam, G. V. (2007). Processos costeiros de Tamil Nadu Central, Índia: pistas de estudos de tamanho de grão. *Oceanologia*, *49*(1).

4. Ramasamy, P., & Karikalan, R. (2010). Distribuição e percentagem de minerais pesados em formas de relevo geomorfológico costeiro no Estreito de Palk, Costa Sudeste da Índia. *Jornal do Médio Oriente de Investigação Científica*, *5*(1), 49-53.

5. Saravanan, P., Davidson, N. C., Schmidt, E. B., & Calder, P. C. (2010). Cardiovascular effects of marine omega-3 fatty acids. *The Lancet*, *376*(9740), 540-550.

6. Rajan, R. V., & Seralathan, P. (2006). *Texture Mineralogy and Geochemistry Of Sediments From The Coastal Plains Between Kodungallur And Chellanam Central Kerala India* (Dissertação de doutoramento, Universidade de Ciência e Tecnologia de Cochim).

7. Irudhayanathan, A., Thirunavukkarasu, R., & Senapathi, V. (2011). Caraterísticas do tamanho do grão dos sedimentos do estuário de Coleroon, Tamilnadu, costa leste da Índia. *Carpathian journal of earth and environmental sciences*, *6*(2), 151-157.

8. Rajganapathi, V. C., Jitheshkumar, N., Sundararajan, M., Bhat, K. H., & Velusamy, S. (2013). Análise do tamanho do grão e caraterização do ambiente sedimentar ao longo da costa de Thiruchendur, Tamilnadu, Índia. *Arabian Journal of Geosciences*, *6*, 4717-4728.

9. Gowthaman, R., Kumar, V. S., Dwarakish, G. S., Shanas, P. R., Jena, B. K., & Singh, J. (2015). Ondas próximas da costa e transporte de sedimentos ao longo da ilha de Rameshwaram, na costa leste da Índia. *Jornal Internacional de Arquitetura Naval e Engenharia Oceânica*, *7*(6), 939-950.

10. Pradhan, U. K., Mishra, P., Mohanty, P. K., Panda, U. S., & Ramanamurthy, M. V. (2020). Modelagem da circulação das marés e transporte de sedimentos perto do estuário tropical, costa leste da Índia. *Estudos regionais em ciências marinhas*, *37*, 101351.

11. Karikalan, R., Bangaru Priyanga, S., & Rakkiannan, S. (2020). Análise textural de sedimentos costeiros na área de Mandapam, Golfo da Costa de Mannar, Tamilnadu, Índia. *Infokara Research*, *9*(3), 780-790.

12. Mohammad, A., Murthy, P. B., Rao, E. N. D., & Prasad, H. (2020). Um estudo sobre caraterísticas texturais, distribuição de minerais pesados e microproteções de grãos de

sedimentos recentes na área costeira entre os rios Sarada e Gosthani, costa leste da Índia. *Jornal Internacional de Investigação de Sedimentos*, *35*(5), 484-503.

13. Parushuram, N., Ranjana, R., Narayana, B., Mahendra, M., & Sangappa, Y. (2021). Fabricação fácil de micropartículas de fibroína de seda: sua caraterização e estudo de adsorção potencial. *Jornal de Ciência e Tecnologia de Dispersão*, *42*(10), 1513-1531.

14. Yaranal, N. A., Subbiah, S., & Mohanty, K. (2021). Distribuição e caraterização de microplásticos em sedimentos de praia de ambientes costeiros de Karnataka (Índia). *Marine Pollution Bulletin*, *169*, 112550.

15. Pranavan, S., & Srinivasan, G. (2021). Investigação sobre o comportamento do betão à base de areia M e areia do mar. *Materiais Hoje: Proceedings*, *45*, 7079-7085.

16. Turner, R. L., & Meyer, C. E. (1980). Salinity tolerance of the brackish-water echinoderm Ophiophragmus filograneus (Ophiuroidea). *Marine Ecology Progress Series*, *2*, 249-256.

17. Alharbi, O. A., Phillips, M. R., Williams, A. T., Gheith, A. M., Bantan, R. A., & Rasul, N. M. (2012). Impactos da dessalinização no ambiente costeiro: Ash Shuqayq, Arábia Saudita. *Ciência do ambiente total*, *421*, 163-172.

18. Emery, K. O., & Milliman, J. D. (1978). Suspended matter in surface waters: influence of river discharge and of upwelling. *Sedimentology*, *25*(1), 125-140.

19. Bartak, R., Grischek, T., Ghodeif, K., & Ray, C. (2012). Filtração de areia de praia como pré-tratamento para dessalinização de RO.

20. Bala, K. C., & Khan, R. H. (2013). Caracterização de areia de praia/rio para aplicação em fundição.

21. Alshahri, F. (2017). Contaminação por metais pesados em areia e sedimentos perto do local de eliminação da salmoura rejeitada da planta de dessalinização, Golfo Arábico: Avaliação da poluição ambiental. *Ciência Ambiental e Investigação sobre Poluição*, *24*(2), 1821-1831.

22. Kwarteng, A. Y., Al-Hatrushi, S. M., Illenberger, W. K., McLachlan, A., Sana, A., Al-Buloushi, A. S., & Hamed, K. H. (2016). Erosão da praia ao longo da costa de Al Batinah, Sultanato de Omã. *Arabian Journal of Geosciences*, *9*, 1-20.

23. Heck, N., Paytan, A., Potts, D. C., Haddad, B., & Petersen, K. L. (2017). Prioridades de gestão para usinas de dessalinização de água do mar em uma área marinha protegida: A multi-criteria analysis. *Marine Policy*, *86*, 64-71.

24. Aslam, H., Ali, T., Mortula, M. M., & Attaelmanan, A. G. (2020). Avaliação de microplásticos em sedimentos de praia ao longo da costa de Dubai, Emirados Árabes Unidos. *Marine Pollution Bulletin*, *150*, 110739.

25. Miftah, A., Khodadadi Tirkolaei, H., & Bilsel, H. (2020). Biocimentação de areia de praia calcária usando precipitação enzimática de carbonato de cálcio. *Crystals*, *10*(10), 888.

26. Mahamuda, A. B. U., & SUNKARI, E. D. (2020). Geoquímica e petrografia de areias de praia ao longo da costa oeste do Gana: implicações para a proveniência e configurações tectônicas. *Jornal Turco de Ciências da Terra*, *29*(2), 363-380.

27. Vetrimurugan, E., Jonathan, M. P., Sarkar, S. K., Rodríguez-González, F., Roy, P. D., Velumani, S., & Sakthi, J. S. (2020). Ocorrência, distribuição e proveniência de microplásticos: Uma análise quantitativa em grande escala de sedimentos de praia da costa sudeste da África do Sul. *Ciência do Ambiente Total*, *746*, 141103.

28. Maslov, A. V., Kuznetsov, A. B., Politova, N. V., Shevchenko, V. P., Kozina, N. V., Novigatsky, A. N., ... & Alexeeva, T. N. (2020). Distribuição de oligoelementos e elementos de terras raras e isótopos de Nd, Pb e Sr nos sedimentos de superfície do Mar de Barents. *Geochemistry International*, *58*, 687-703.

29. Sapulete, S. M., Souisa, M., & Salelatu, T. (2020, fevereiro). Análise mineral e caraterísticas físicas das areias da praia em Latuhalat e Suli Village para apoiar o geoturismo de praia da província de Maluku. Em *Jornal de Física: Série de conferências* (Vol. 1463, No. 1, p. 012033). IOP Publishing.

30. Umar, H. (2020). Filtrado de areia de praia como combustível alternativo para gás. *EPI Revista Internacional de Engenharia*, *3*(2), 150-153.

31. Expósito, N., Rovira, J., Sierra, J., Folch, J., & Schuhmacher, M. (2021). Níveis, tamanho, morfologia e composição de microplásticos em águas marinhas, sedimentos e praias de areia. Estudo de caso da costa de Tarragona (Mediterrâneo Ocidental). *Science of The Total Environment*, *786*, 147453.

32. Seo, J. Y., Choi, S. M., & Ha, H. K. (2021). Avaliação do impacto potencial da vegetação invasora na erodibilidade de sedimentos coesivos em planícies intertidais. *Science of The Total Environment*, *766*, 144493.

33. López, G. I. (2017). Análise de tamanho de grão. *Enciclopédia de geoarqueologia*, 341-348.

34. Sakr, M. A., Omar, A. E., Saad, A. M., & Moayedi, H. (2021). Modelagem de parâmetros geotécnicos e a segurança de radiação de solo argiloso expansivo tratado com pó de mármore residual: um estudo de caso no oeste do Golfo de Suez, Egito. *Ciências Ambientais da Terra*, *80*, 1-18.

35. Alasvand, S., Asadi-Ghalhari, M., Dehbandi, R., Ghaffari, M. E., Ghadami, M., & Ansari, R. (2023). Ocorrência de microplásticos em afluentes, lamas de depuração e efluentes da estação de tratamento de águas residuais municipais, um centro de estudo de caso do Irão, cidade de Qom.

36. Tombus Lucas Anggara1* , Lintang P. S. Yuliadi2 , Yudi Nurul Ihsan2 , M. Rudyansyah Ismail(2019). Composição de Microplástico em Sedimentos Costeiros nas Ilhas Kupang e Rote, Nusa Tenggara Oriental. Omni-Akuatika, 15 (2): 98 - 105.

37. R. Karthik a,1 , R.S. Robin a,1 , R. Purvaja a , D. Ganguly a , I. Anandavelu a , R. Raghuraman a , G. Hariharan a , A. Ramakrishna b , R. Ramesh(2018). Microplásticos ao longo das praias da costa sudeste da Índia. / Science of the Total Environment 645 (2018) 1388-1399 https://doi.org/10.1016/j.scitotenv.2018.07.242

38. M. Tiwaria , T.D. Rathoda , P.Y. Ajmala , R.C. Bhangarea , S.K. Sahu(2019). Distribuição e caraterização de microplásticos na areia da praia de três ambientes costeiros indianos diferentes. Marine Pollution Bulletin 140 (2019) 262-273. https://doi.org/10.1016/j.marpolbul.2019.01.055

39. Mohan, P. M. e G. V. Rajamanickam. 1998. Depositional environments inferred from grain size along the coast of Tamilnadu, India. J. Geol. Soc. India 52: 95-102.

40. Singh, Y., Viswanathan, R., Parihar, P. S., & Maithani, P. B. (2011). Cristalografia de raios X de uraninitos de bacias sedimentares proterozóicas da Índia peninsular: implicações para a gênese do minério de urânio. *Indian Mineralogist*, *45*(2), 1-30.

41. Gayathria, G. S., Sundararajan, M., Rejithb, R. G., Sreelaa, S. R., Silambarasanb, S., & Pruthiviraj, N. (2022). Textura e mineralogia de sedimentos de praia de Chavara e Manavalakurichi, sul da Índia - uma análise comparativa. *Indian Journal of Geo-Marine Sciences (IJMS)*, *50*(03), 203-211.

MIX
Papier aus verantwortungsvollen Quellen
Paper from responsible sources
FSC® C105338

Printed by Books on Demand GmbH, Norderstedt / Germany